パリティ物理教科書シリーズ

家　泰弘・小野 嘉之・土岐　博
西森 秀稔・細谷 暁夫　　編

量子力学入門

前野 昌弘 著

丸善出版

シリーズ　発刊にあたって

　物理学は，この世界の森羅万象を理解したいという人類の知的営みを象徴するとともに現代文明の基礎をなす学問である．太古から人類は，天体の運行や季節のくり返しに秩序の存在を垣間見る一方，投射された石の軌跡を考え，南北を指す鉱石に首をひねり，虹を愛で，雷におののいたことであろう．物理学の源流は古代ギリシアの哲学者たちにあるが，そこでは形而上学的思弁がもっぱらであった．それらを集大成したアリストテレスの自然哲学体系はアラブやペルシアに受け継がれ，十字軍とイスラムの接触を機にルネッサンス期のヨーロッパに伝えられた．実験・観測に基づく研究という近代物理学の方法論が芽吹いたのはガリレオの時代である．ニュートンによって力学が，ファラデーやマクスウェルによって電磁気学が体系化され，数学的形式も整えられて19世紀後半のケルビン卿の時代に物理学は完成の域に達したかに思われた．しかし19世紀から20世紀への変わり目に一大変革が起こった．それを象徴するのが，アインシュタインの奇跡の年と称される1905年である．この年にアインシュタインは後の量子力学，相対性理論，統計力学へとつながる論文を立て続けに発表した．そこから目覚しい発展を遂げた現代物理学は，人類の自然観・世界観を根本的に変革するものであった．

　一般的な感覚として，「日常的世界の記述には古典物理学で十分であって，量子力学はミクロの世界，相対論は宇宙というように，ごく特殊な条件でのみ必要となる特殊な学問体系である」という印象があるかもしれない．しかしそれはまったく正しくない．コンピュータや携帯電話など現代文明の粋といえる電子機器の動作原理は量子力学によって初めて理解できるものであるし，GPS（ナビゲーション・システム）が精度よく機能するのは相対論的効果をとり入れているがゆえである．また，実験・観測によるデータ収集とその解析，理論モデルの構築，実験と理論の比較による検証というプロセスで進む物理学の研究スタイルは，科学研究における方法論の規範を提示するものであり，その意味に

おいても物理学は現代科学を牽引する役割を果している．

　物理学を学ぶのは「敷居が高い」とよく言われる．たしかにそういう面はある．そもそも大学・大学院で物理学を一通り学ぶために履修すべき科目はたいへん多い．古典物理学の体系だけでも，力学（質点，剛体，弾性体，流体），電磁気学，熱力学，光学などがあり，その先に，量子力学，統計力学，相対論，……と，習得すべき科目が多岐にわたり，しかも研究の最前線はどんどん拡大している．これではいつまで経っても最前線にたどり着けないのではないかという焦燥感に駆られても不思議でない．

　物理学に限らず，学問の習得はつづら折りの山道を登るようなものである．一歩一歩登っているときには見えにくかったものが，峠を越えると視界が開けて全体の景色を俯瞰することができる．そのような俯瞰を経験して，同じ道を再度歩くと以前には気づかなかったものが見えてくる．また別のルートから登ることによって山の地形や道のつながりが把握できてくる．本シリーズはそのような物理の山道の案内書である．物理学の各科目にはすでに多くの教科書が出版されている．その中には名著古典の誉れ高いものも多い．しかし，物理のランドスケープ自体も変化しているし，樹木や道端の草花も変化している．その意味で，比較的最近に山道を登った先達による案内は有用なはずである．本シリーズでは，高校で物理を履修せずに理系学部に入学してくる学生も少なくないという最近の事情や，天文学，地球惑星科学，化学，工学，生命科学，医学，環境科学，情報学，経済学，……などさまざまな分野を専攻する学生にとっての物理の学習という観点も考慮して執筆をお願いした．本シリーズが，初学者には科学の基礎としての物理の理解とともに物理のおもしろさを発見する機会として，すでに物理を学んだ人には別ルートからの散策へのいざないとして役立つことを願っている．

　2010年3月

編集委員長　家　泰弘

はじめに

　大学に入ってきたばかりの新入生たちへのオリエンテーションの時間に,「大学での勉強はどういうものか」ということを話す機会がある. そのときにいつも, これから物理を4年間（あるいはそれ以上）勉強することになる学生さんたちに向けて言うことにしている言葉がある. それは

> 量子力学を理解している人は, 1000人に1人もいない
> 　　　　　　　　　　（いや, 10000人に1人もいないかも？）

ということである[*1].

　要は「量子力学は難しい」といっているのだが, 別に「新入生を脅かしてやろう」などという了見でそんなことをいうのではない. いやある程度は脅かしてもいるのだが, それと同時に

> 1000人に1人ぐらいしか理解していない難しいものを勉強しようとしている, 自分を誇りに思ってほしい

と激励をしているつもりである. 新入生諸君が本当に「量子力学って難しい」と実感してくれるのは, この時点からさらに2年ぐらい先のことになるだろう. そのときになるとこの言葉の意味も違って見えてくるに違いない.

　さて, というわけで, 量子力学は難しいのである. その難しさは量子力学ができあがるまでの歴史が証明している. 1900年にプランクが黒体輻射の式を出し, 電磁波と物質の間を移動するエネルギーが量子化されているのでは？——と考えたのが量子力学の「**受胎**」とし, 1926年にシュレーディンガーが彼の名でよばれる方程式（シュレーディンガー方程式）を出したのが量子力学の「**誕生**」としよう. 受胎から誕生まで, おおよそ四半世紀が経過している. しかも実は

[*1] 無責任な話だが, 統計をとったわけではないので実際にどうなのかは知らない.

量子力学で重要な概念であるところの

> 物質は波動である

という概念をド・ブロイが提唱するのは，1924 年．つまり，受胎から誕生までの 26 年の最後の 2 年間で，ある意味ばたばたと量子力学は完成していくのである．じゃあ最初の 24 年間は何をやっているのか？—実は

> 光は粒子である

という概念を樹立されるのに 20 年近くを使っているのである．そしてその過程の中で「粒子だと思っていた物質の方も，何かおかしな物理法則に従っているようだ」という予感がひしひしと高まっていくのである（だが，「波動である」と気づくには長い時間がかかった）．

これは何を意味しているかというと，それまで常識であった概念，「**光は波である．物質は粒子である**」を打ち壊すのに，約四半世紀の時間が必要だったということなのである．

筆者はよく，量子力学に入門中の学生さんに「君たちは先人が四半世紀かけてやったことを，半年でやろうとしている．わからなくなってあたりまえ」と話す．一方で「先人はよい実験装置もなく，データも少ないなかでこれだけのことをやった．君たちは量子力学を使った機械がそこらじゅうにある環境の中で生きているんだから，もっと量子力学を深く理解できるはず」とも話す．一見反対のことをいっているようだが，どちらも真実である．

量子力学を理解するということは，単に一つの学問を理解するというだけのことではない．「人間が"直観的に理解"しているようには，この世界は動いていない」ことを理解することでもある．つまりは学習する者の心の中にある「世界の有り様」を変えていくことが，量子力学の勉強なのである．だから難しい．量子力学の歴史を見ていくと，多くの物理学者たちが悩みながら量子力学を創るという難事業を一歩一歩進めていったことがわかる．

では，その難しい量子力学をわれら現代人が理解していくのにはどうしたらよいのか？—その一つの答の，さらに一部分がこの本になると思う．なぜ「その答がこの本だ」と歯切れよくいかないかというと，結局のところ本一冊でなんとかなるほど，「量子力学を理解する」ことは甘いものではない，と著者はつ

ねづね思っているからである．そして「さらに一部分」がつく理由は，（当然のことではあるが）読者自身の努力こそがもっとも重要であり，書籍などは所詮，「ちょっとした手助け」になる程度のものだからである．

本書では，量子力学という学問がどのように発展していったかも述べて，「なぜ量子力学が必要なのか」「どうしてこんなふうに（直観に反することを！）考えなくてはいけないのか」を理解してもらえるように努めた．ただし，その過程で読みやすくするために歴史的な順序をあえて飛ばしている部分もある．歴史はわかりやすい方向に進むとは限らないので，現代の眼から見てわかりやすくなるように説明を工夫したつもりである．

また，初学者が「はまってしまう」ような部分はできる限りていねいに説明し，かつ必要な基礎知識も可能な限りその場で説明するようにした．「量子力学がわからない」と思っている人の多くが，実は量子力学でつまずいているのではなく，その前段階である「波」の時点でつまずいてしまっている場合が，よく見受けられる[*2]．そういう人にも，必要な知識をつけながら量子力学にアタックできるようにと配慮した．

何より，「これが公式だから覚えなさい」「こうやったら計算できて答が合うんだからつべこべいわずに計算しろ」というような，つまらない勉強の仕方をしなくてすむような本にしたつもりである．

とはいえ，実は量子力学の勉強にはこの「つべこべいわずに計算する」の方がよい，という意見もある．著者も，そうである場合もあるかもしれないとも思う．というのは，量子力学を勉強しようとして「つべこべ」いいすぎて理解がちっとも前に進まないという悪い例も，ときどき見受けられるからである．手を動かして計算していくなかで数式に"手応え"を感じ，「あ，いま計算しているこの量が示しているもの，この感触が量子力学か」とわかるというのも一つの勉強の仕方である．

というわけで，

[*2] 著者は大学のとき，「高校物理では波動が一番苦手だったなぁ」といったら，すかさず先生から「そんなこといっている奴は量子力学で困る」といわれた経験がある．まったくその通りであったのだが，そういう忠告を受けていたにもかかわらず，著者が波動についてじっくり勉強したのは授業が量子力学に突入してからであった．

> つべこべいいつつ，手は動かす．その一方で，納得するまで考え続けることもやめない

というのがよい量子力学勉強法なのかもしれない．この本はそういう人の需要に合う本にしたつもりである．

　本書はあくまで「入門」であり，実際に量子力学を「使う」ためにはさらに勉強が必要だと思う．この本が「量子力学を納得いくまで勉強したい」と思う人にとってのよい一冊目のガイドとなってくれることを願ってやまない．

——「1000 人に 1 人」になるための第一歩を，この本から踏み出していただきたい．

2012 年 9 月

前 野 昌 弘

---- サポートページについて ----

Web ページ

http://irobutsu.a.la9.jp/mybook/QMIntro/index.html

に，本書の内容に関連した物理シミュレーションプログラムなどを置いておきますのでご利用ください．動くプログラムで物理的内容をよりよく理解することができます．

　本書に関連する質問なども掲示板で受けつけます．本書のミスなどについてもこのページにて知らせていく予定です．

目　次

1. **量子力学の「あらすじ」** ……… 1
   - 1.1 光は波か粒子か ……… 1
   - 1.2 二重スリットと波束の収縮 ……… 3
   - 1.3 量子力学の学習で注意すべきこと ……… 8
   - 問　題 ……… 12

2. **波動光学と幾何光学** ……… 13
   - 2.1 光は粒子か波か？ ……… 13
   - 2.2 屈折の法則と光速度 ……… 18
   - 2.3 位相速度と群速度 ……… 24
   - 2.4 干渉の結果として考える屈折の法則 ……… 29
   - 2.5 レンズの分解能—波長とスケール ……… 31
   - 問　題 ……… 35

3. **エネルギー量子の発見—黒体輻射** ……… 37
   - 3.1 黒体輻射と等分配の法則 ……… 37
   - 3.2 箱に閉じ込められた電磁波 ……… 42
   - 3.3 等分配の法則の破れの原因—光のエネルギーの不連続性 ……… 47
   - 問　題 ……… 51

4. **光の粒子性の確認—光電効果とコンプトン効果** ……… 53
   - 4.1 光電効果 ……… 53
   - 4.2 光子の運動量 ……… 56
   - 4.3 コンプトン効果 ……… 61
   - 4.4 粒子性と波動性の二重性 ……… 64
   - 問　題 ……… 65

x　目　次

5　ボーアの原子模型 ——————————————————— 67
5.1　原子模型の困難　67
5.2　ボーアの量子条件　69
5.3　状態の遷移と原子の出す光　71
5.4　ゾンマーフェルトの量子条件と楕円軌道　74
　　　問　　題　76

6　物質の波動性 ——————————————————— 77
6.1　ド・ブロイの仮説　77
6.2　電子波の確認　80
6.3　波動力学と古典力学の関係　82
　　　問　　題　86

7　不確定性関係 ——————————————————— 87
7.1　ガンマ線顕微鏡の思考実験　87
7.2　ヤングの実験と不確定性関係　89
7.3　不確定性関係の意味　91
　　　問　　題　93

8　波の重ね合わせと不確定性関係 ———————————— 95
8.1　円周上に発生する波の重ね合わせ　95
8.2　三角関数の重ね合わせで矩形波を作る　100
8.3　波の重ね合わせと不確定性関係　102
　　　問　　題　106

9　シュレーディンガー方程式と波動関数 ———————————107
9.1　シュレーディンガー方程式　107
9.2　粒子の運動とシュレーディンガー方程式　111
9.3　演算子と固有値　114
　　　問　　題　116

10　波動関数の収縮と確率解釈 ————————————————117
10.1　波動関数の意味　117

10.2	光の場合と比較する	119
10.3	確率解釈と波動関数の収縮	123
10.4	波動関数の収縮	125
10.5	運動量の「収縮」	128
10.6	なぜ波動関数 $\psi(\boldsymbol{x},t)$ は複素数なのか？	130
	問題	134

11 波動関数と物理量 — 135

11.1	期待値	135
11.2	座標の期待値	136
11.3	運動量の期待値	138
11.4	期待値の意味で成立する古典力学・交換関係	141
	問題	148

12 入門の終わり —— 井戸型ポテンシャルを例に — 149

12.1	井戸型ポテンシャル	149
12.2	井戸型ポテンシャルに束縛された波動関数の特徴	154
	問題	161

章末問題のヒント — 163

章末問題の解答 — 171

参考書 — 189

索引 — 191

1　量子力学の「あらすじ」

　この章では，量子力学のあらましをつかんでもらうために，まず光の粒子性について概観を述べる．詳細な計算などは後で述べるが，まずは量子力学とはどのような学問なのかの「あらすじ」を知ってもらいたい．

1.1　光は波か粒子か

　19世紀の末頃，「物理はもうすぐ終わる」といわれていた[*1]．力学，電磁気学がほぼ完成し，天体の運動がニュートン力学で完全に予言されるようになった．ところが次の年から20世紀だという1900年，プランクの黒体輻射に関する研究から量子力学が始まる．量子力学と直接関係はないが，1905年には特殊相対性理論[*2]も作られている．量子力学と相対論が，「終わる」はずだった物理の世界を一変させてしまったのである．

　その大きな変化の始まりは「光」にあった[*3]．「光は波であるか粒子であるか」というのはニュートンやホイヘンスの時代（17世紀後半）でも論争になった謎であった．ニュートンは光が直進することを根拠に，光は粒子であると考えた．波なら広がるはずであり，「光線」という言葉でよばれるような形状にはならないと考えたのである[*4]．

　しかし，後に光が干渉現象を起こすことが明らかになり，「やはり光は波である」と考えられるようになった．マクスウェルが電磁気学の方程式から光速で

[*1]　その頃，物理を志していた学生であったプランクは先生から「物理なんてもうやることないから他のことやったら？」と勧められたらしい．そのプランクが20世紀の物理の扉を開くのだから，人生はおもしろい．

[*2]　勘違いしている人が多いが，相対論は古典力学である．物理の世界で「古典（classical）」といったら「量子力学ではない」という意味で，単に「古い」という意味ではない．

[*3]　相対論の誕生にも「光」が大きな役割を果たしている．

[*4]　なお，ニュートンがなぜ「光は粒子だ」と思ってしまったのかについては，2.1節に，よりくわしく書いた．
　→ p13

進む波動解（電磁波）を見つけたことも光が波であることを支持していた．光とは空間中の電場と磁場が振動して，それが伝わっていくものなのである．このようにして 19 世紀までは「光は波である」ということで決着がついたと思われていた．ところが 1900 年，プランクが以下のようなことを主張する．

———— プランクの主張 ————

振動数 ν をもった光が外界とやりとりするエネルギーは，$h\nu$ の整数倍に制限される．

ここで h は**プランク定数**で，SI 単位系での値は $h = 6.626069 \times 10^{-34}$ J·sec である．プランクに続くいろいろな研究により，光は 1 個あたり (プランク定数) × (振動数) というエネルギーをもった粒子（「**光子**」と名づける）でできているとわかった（なぜこんなことがわかったのか，という点は，第 3 章と第 4 章でくわしく説明する）。プランク定数は非常に小さいゆえに，通常われわれが目にする光は，たくさんの光子の集まりでできている．

光のエネルギーが不連続とか，光が粒子だとかいわれても，にわかに納得しがたいと思うが，同様に連続に見えて実は連続でない例として，コップの水を考えよう．

図 1.1　水はいくらでも分割可能？

コップの水は見た目には連続的で，切っても切ってもいくらでも小さくなるように見える．けれど，実際には水は H_2O 分子でできているのだから，切っていって H_2O 1 個になったら，もう切れない．同じように，光を「切って」いったとすると，これ以上切れない単位がある．たとえば向こうから光がやってくるときに，一瞬だけシャッターを開けてすぐ閉める．シャッター速度を短くす

ればいくらでも小さいエネルギーの光を切り取れそうだけど，そうはいかない．$h\nu$ の整数倍というエネルギーの光しか作れないのである[*5]．

　実は光の粒子性は特殊な現象を見なくても，日常生活にも現れる．たとえば夏に太陽の光を浴びると日焼けするが，冬に電気ストーブにあたっても日焼けすることはない．得られるエネルギーは同程度であっても，紫外線と赤外線では質が違う．古典的に見るとそれは振動数の違いであり，「紫外線の方が振動数が大きい（振動が速い）から，人間の体に化学変化を起こさせるのだ」という考えはできないのか？と思うかもしれないが，これではうまく現実を説明できない．光を光子の集まりとして考え，赤外線（振動数が小さい）は 1 個 1 個のエネルギーが低い光子でできており，紫外線は 1 個 1 個のエネルギーが高い光子でできていると考えられた方が実験に合う．人間の体に化学変化を起こさせるのは，この光子 1 個 1 個の衝突だと考えるとこの現象が理解できる[*6]（演習問題**1.1**を参照せよ）．
→ p12

　たとえば，夜空の星を見上げればすぐに星が見えるが，これも光が光子という塊で降ってくるおかげである．眼が見える（人間が光を感知できる）のは，眼の中にある化学物質が光に反応して化学変化を起こすからである．しかし，光が連続的にやってきて，エネルギーがたまってはじめて反応が起こるのだとすると，長い時間がたたないと感知できないことになる（演習問題**1.2**を参照せよ）．
→ p12

1.2　二重スリットと波束の収縮

　光が波でありながら粒子である，ということは非常に理解しがたいことであろう．しかしいまは「あらすじ」の段階なので，これをどう理解すべきかということはとりあえず後に回す．ここではさらに別の例で光の粒子性がどのような現象を起こすのか，を見ていく．

　そこで，光の波動性を表す実験として有名なヤングの実験を考えよう．ヤングの実験では点光源（実際の実験では単スリットで点光源化することが多い）

[*5] なお，水が H_2O 分子でできているとなぜわかるのか，というのもそれはそれで長い話なのだが，ここでは触れない．
[*6] 念のために書いておくと，紫外線によって起こった化学変化が日焼けそのものではない．人間の体が紫外線によって起こされた化学変化に反応した結果が日焼けである．肌が黒くなるのは，人間の体のもっている防衛機構である．

1 量子力学の「あらすじ」

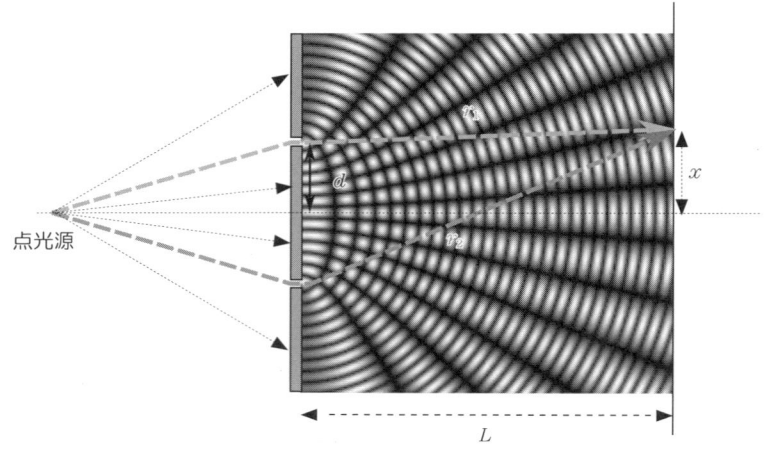

図 **1.2** ヤングの実験

から出た光が，複スリットを通った後回折[*7]してスクリーンに当たり，そこに干渉縞が生じる．

二つのスリットからスクリーン上にやってきた光の電場を $E_0 \sin[k(r_1 - ct)]$ および $E_0 \sin[k(r_2 - ct)]$ としよう[*8]．電場の振幅 E_0 は定数ではなく r が大きくなるほど小さくなるはずであるが，ここでは簡単のために定数とおいた．スクリーン上にできる電場はこの二つの和なので，

$$E_0 \left[\sin\{k(r_1 - ct)\} + \sin\{k(r_2 - ct)\}\right] \tag{1.1}$$

とおける．x が変化すればそれに応じて r_1, r_2 も変化していく．二つの項 $\sin[k(r_1 - ct)]$ と $\sin[k(r_2 - ct)]$ もそれに応じて振動していくが，うまく両方の位相がそろったところは強めあって振幅の大きい電場となり，位相が反対になっていると弱めあって振幅が 0 になる．

この和を具体的に計算すると，公式 $\sin A + \sin B = 2\cos[(A-B)/2]\sin[(A+B)/2]$ を使って，以下のように書ける．

[*7] スリットの幅が狭いがゆえに通り抜けた光は直進せず，回折して広がる．
[*8] 本当は電場はベクトルなので「どっちを向いているか」を考慮しなくてはいけないが，ここではその部分は考えないことにする．光（電磁波）は磁場もともなっているが，それについても考えない．

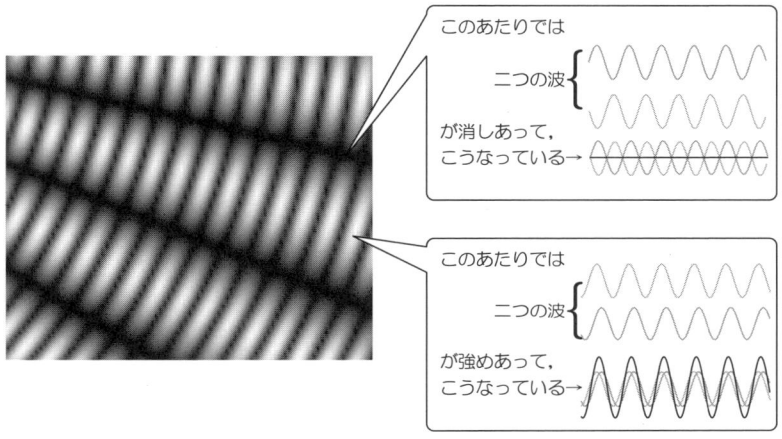

図 1.3　ヤングの実験での干渉（波としての解釈）

$$E_0 \left[\underbrace{\sin\{k(r_1 - ct)\}}_{=A} + \underbrace{\sin\{k(r_2 - ct)\}}_{=B} \right]$$
$$= 2E_0 \cos \underbrace{\left[\frac{k}{2}(r_1 - r_2)\right]}_{=\frac{A-B}{2}} \sin \underbrace{\left[\frac{k}{2}(r_1 + r_2) - kct\right]}_{=\frac{A+B}{2}} \quad (1.2)$$

この式から，$\cos[(k/2)(r_1 - r_2)] = 0$ となる点には光が来ないことがわかる．後ろにある $\sin[(k/2)(r_1 + r_2) - kct]$ という因子が振動する項である．スクリーンの位置によって r_1, r_2 は違うから，場所によって異なる振幅をもって振動する光が現れる．

　この実験を，「光は粒子でもある」という知見のもとに考え直すと，いろいろ不思議なことが出てくる．図 1.4 はこの実験の様子を，光が粒子であるという観点を強調して描いたものである．

　粒子説に従えば，光がやってくることは実際には光子がやってくることである．ヤングの実験で発生する明暗の縞は，実は図のように，光子の当たる場所と当たらない場所が発生していることになる．

　ここで光源の光量を絞って，一度に 1 個の光子しか来ないようにしたとしよ

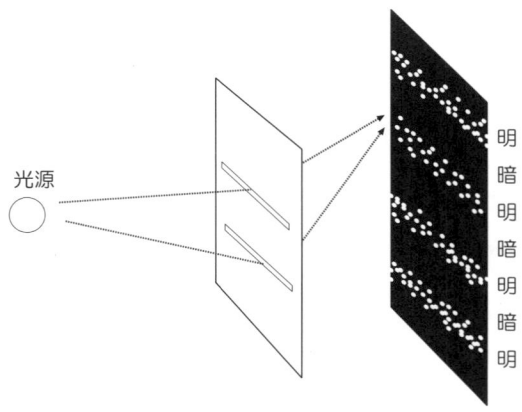

図 1.4　ヤングの実験を光の粒子説で考えるならば

う*9．この場合干渉は起こるだろうか．"常識"的な考え方からすれば，「干渉」というのは二つの波が重ね合わされて起こる．一度に 1 個の光子しか来ないなら，「二つの光子がぶつかる（重なりあう）という現象は起こらないから干渉も起こさないはず」と思いたいところだが，実際にはこれでも図 1.4 のような干渉は起こる．極端な場合として，光子 1 個だけを送りこむという実験ができたとする．するとこの光子は，図の「明」のどこかに当たる．けっして「暗」の部分には当たらない．この場合"常識"は勝利しないのである．

――【よくある質問】光子は壁には当たらないんですか？――

もちろん当たる．ほとんどの光子は壁に当たってさえぎられるが，さえぎられなかった幸運な光子が，その後の干渉現象に参加するのである．ここでの説明はみな，その幸運にも壁にさえぎられなかった光子の話である．

念のために注意しておく．この干渉によって光が消しあうという現象を「1 個の光子と 1 個の光子がぶつかって消える」というイメージをもっている人がいたら，さっさとそのイメージを消去してもらいたい．そんなことが起こったらエネルギー（光子 1 個につき $h\nu$）が保存しなくなってしまう．あくまで，1 個ず

---

*9　非常に弱い光を使えばこの条件を満たすことはできる．実際そのような実験が行われた結果，その場合でも干渉が起こることが示された．なお，現在の技術であれば，光ではなく原子でこの二重スリットの実験を行うことも可能である．

つやってきた光子は 1 個ずつ到着する．ただ「暗」の場所には来ないのである．

以上の実験からわかることは，あたかも「一つの光子が二つのスリットを同時に通ってきた」と解釈できるような現象が起こっていることである．ただし，「じゃあ，結局のところどっちを通ってきたんですか？」と尋ねることは無意味である．このスクリーンに当たった 1 個の光子は「上のスリットを通ってきた光子」でも「下のスリットを通ってきた光子」でもなく，いわばその重ね合わせとして存在しているのである．

たとえば上のスリットをふさいだとする．すると，光子は「暗」の場所にも当たるようになる．この場合，光子は確実に下のスリットを通ってきているはずなのだが，「上のスリットが空いているのか空いていないのか」を知っているかのごとく，それに応じて挙動が変化することになる．

観測機器などの状況設定によって，光の粒子性が顕著になったり，波動性が顕著になったりする．ここでは詳しく述べないが，たとえばスリットの片側に光が通過するかどうかの測定器をつけたりすると，この干渉縞は消失してしまう．このように，「何を観測しようとするか」によって観測される側の状態が変わってしまうというのが量子力学のややこしいところである[*10]．

ここで起こったことをもう一度よく考えてみる．二つのスリットを通るときの光子は，両方を通るような波として広がっている．そして通り抜けた後は，図で太い線で表したような，二つの波の干渉の結果としてできあがる波がスクリーンに到達する．ところが，スクリーンに到着する光子は 1 個であって，ある 1 か所にしか光子は存在しなくなってしまう．

ここでスクリーンで起こっている現象を考えよう．スクリーンに当たる直前の光は，図 1.5 の左のような状態，つまり干渉を起こした「広がった波の状態」
→ p8
であったはずである．ところがスクリーンに当たると，粒子性が顔を出して一点のみに光子がぶつかる．広がっていたはずの波がいっきに一点に縮まってしまう，ということで，このような現象を**「波束の収縮」**とよぶ．

収縮が起こるメカニズムについてはよくわかっていないが，そういうことが起こっていると解釈しなければならないような現象が起こっていることは確かである．大事なことは，どこに収縮するのかを決める方法がないことである．残念ながら量子力学で計算できるのは確率だけなのである．量子力学の計算を正

[*10] と書いたが，観測機器によって状態が乱されること自体は，古典力学的状況であっても同様である．量子力学では少々劇的になっているというだけのこと．

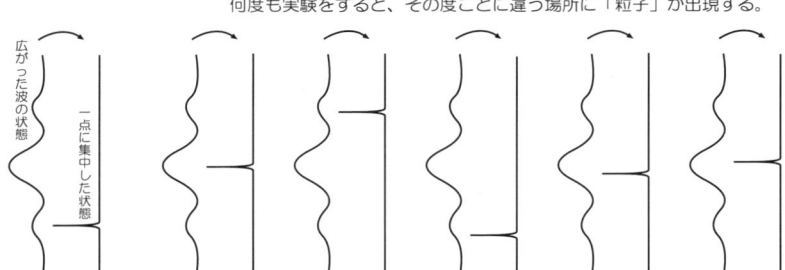

図 1.5　波動関数の収縮？

しく用いれば波の形が計算できる．波の振幅が大きくなっている部分（つまり「明」となる部分）に収縮する確率が大きく，振幅が小さい部分（「暗」部）に収縮する確率は小さいのである（10.1 節で考える）．
　　　　　　　　　　　　　　　　　　→p117

　確率だけしか計算できない，ということについてはもちろん批判者も多く，その点をもって量子力学は不完全であるとの主張がよくされてきた．その筆頭はアインシュタインであって，彼の「神はサイコロ遊びをしない」という言葉は有名である．アインシュタインは「量子力学の計算の中には入ってこないだけで，粒子がどこにいるかは最初から決まっているはずだ」という考え方をしていた．この考え方を「隠れた変数の理論」とよび，アインシュタイン以外にも
　　　　　　　　　　　　→p123
多くの物理学者がこの立場をとっていたが，この隠れた変数の理論では説明できそうにない実験結果がある．どうやら光子の位置を観測するまでは光子の位置は決まっていないと考えなくてはいけないらしい．

1.3　量子力学の学習で注意すべきこと

　この章では，量子力学の「あらすじ」を述べた．初めてこのような話を聞いた人にとっては，'**非常識**' と感じられるだろう．しかし，われわれの '**常識**' は「光が粒子の集まりであることを実感することがあまりない世界（われわれが見る光源はたいてい 1 秒に 10^{20} 個以上の光子を出している）」で作られたものである．実験が進むことによって知識が増え，世界が広がれば，常識は必然的に

変わっていく．ときには「常識」を吟味することも必要である[*11]．「光は粒子である」という実験結果が出た以上は，新しい「常識」を作らなくてはいけない．

量子力学ではある粒子がどこに存在しているかは決定できず，ただ，その確率密度が計算できるだけである．なぜ確率しか計算できないのか，それは理論が不完全だからではないのか，というのは量子力学の歴史において何度も発せられた問である．これに対して答える方法はいくつかあるが，もっとも決定的な答は

「現実（実験結果）がそうなのだから，仕方がない」

ということになるだろう．物理学の目的は**現実をうまく記述する方法を見つけること**であって，その記述方法が人間にとって心地よいかどうかは二の次である．いかに量子力学による世界の記述が奇妙に見えようとも，それが人間の直観に反しようとも，現実がそうであるのならば仕方ない．逆に「人間の直観には合うが実験結果を再現しない理論」に価値があるとは思えない．

いくら「実験結果がそうだから」といわれても納得できない，という人が多いだろう．これが量子力学という学問の一番難しい部分かもしれない．量子力学をちゃんと理解するには，これまでの常識をいったん破棄する必要があるのである．

直観が邪魔をして常識が捨てられなくて困ったときはむしろ，「なぜ真実[*12]を記述している量子力学がわれわれの直観に反してしまうのか」ということを考えよう．一つの理由は，われわれの直観が「量子力学的現象が顕著になるにはあまりにスケールの大きい世界（1センチメートルだとか1フィートだとかで測られる世界）」で作られたものだからである．

確率しか計算できない量子力学は，古典力学に比べ後退しているように感じられるかもしれない．しかし，たいていの場合その確率密度の広がりは非常に小さく，原子レベル（10^{-10} m 程度）である．われわれが普段「質点」と感じるような物体の波動関数の広がりは日常のわれわれの観測できるスケール（最小でも 10^{-4} m 程度？）からすれば「0」と考えてよい．古典力学はこの広がり

[*11] もちろん，何がなんでも常識を捨てればよいというものではない．その「常識」がどんな経緯で成り立っていると思われているのかを考えたうえで，捨てるべきか守るべきかが決められなくてはいけない．

[*12] 正確には，「いまのところわれわれの知っている中ではもっとも真実に近い」ぐらいが適当か．

を 0 と近似した結果量子力学から導かれるものなのである．古典力学は近似であるがゆえに（つまり，量子力学ほど精度高い理論ではないがゆえに）「物体の位置を正確に予言している」ように見えるのである．

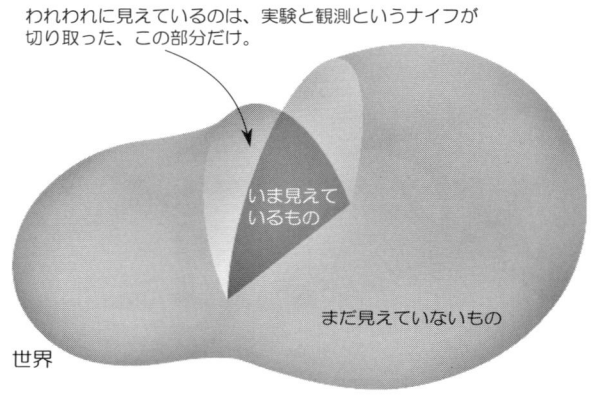

図 **1.6** この世界の見え方

そもそも，われわれが観測できる「世界」というのは，「世界」そのものではない．人間は宇宙の果ても，原子レベルの現象も，直接には観測できない．われわれが見ているのはわれわれのもっている観測手段の限界というフィルターを通じて入ってくる世界の一部，いわば「世界の切り口」にすぎない．物理をやる人は，その観測することができた「世界の切り口」から，「世界」全部がどのような仕組になっているのかを想像し，「こうであるかもしれない世界の仕組み」を構築していかなくてはいけない．そうしておいて，そうやって構築された「仕組」が果たして現実をちゃんと記述してくれているかどうかをチェックしていく．量子力学の計算手段である波動関数もシュレーディンガー方程式も，そのようにして構築された「仕組」なのであって，いまのところ現実を正しく表しているように見える．

19 世紀までの人間の観測した「世界の切り口」の中には，量子力学の存在はほとんど現れておらず，古典力学ですべてが記述できると期待されていた．しかし，黒体輻射，光電効果，コンプトン効果など，さまざまな現象が発見され，古典力学では記述できない世界があることが見えた．それはこれまでの直観と

は反していた——そのとき先人たちは何をしたか．直観に反する事実を事実として受け入れ，それを説明するための「新しい理論」を作るという道を進んだ．もちろん，中には直観に反することを受け入れられなかった人もいたには違いないが，直観に反する理論を作る勇気をもった人たちが新しい物理の世界を作っていったのである．

「世界の切り口」しか知らない人間の直観は「世界」全体には通用しないこともある．だから人間は謙虚に世界を調べて，世界の切り口を広げていかなくてはいけないし，広げられた切り口から見える世界をより深く考察していかなくてはいけない[*13]．たとえば「太陽が地球のまわりを回っているように見える」という"常識"はティコ・ブラーエやケプラーなどの精密な観測によって「世界の切り口」が広げられていくにしたがって「いや，地球の方が回っているのだ」という常識にとって替わった．学問の発展とは「常識を作り替えること」でもある．

量子力学はそのように謙虚に世界を探求し続けた先人たちが作り上げたものである．今後，実験の方法が進歩して，われわれの得ることができる「世界の切り口」が広がったり，世界をより深く理解する理論的方法が開発されたりすれば，いまある量子力学にも変更が加えられるかもしれない[*14]．そのときまでは，われわれは直観に反しても量子力学を採用する．もっとも，"量子力学の次に現れるもの"があるとしたら，もっと直観に反する可能性の方が高いだろう——「まだ見えてないもの」が見えたあとに作られるものなのだから！

未来の物理の世界は，あとあとの楽しみに置いておいて，いまここでいっておきたいのは，「量子力学で，この世界の粒子の運動をうまく記述することができる」ということである．量子力学がわれわれの知る世界をどのようにうまく記述しているか，それをまず学習してほしい．

ボーアは「**量子力学に衝撃を受けないとしたら，それは量子力学を理解してない証拠だ**」という意味のことをいっている．だから，ここまでの「あらすじ」で，「量子力学ってそういうものなのか」とわかったような気がしたとしたら，

[*13] そのような作業においては人間の直観はあてにならないので，物理的考察には数学の力を借りることが不可欠となるのである．もっとも，数学に頼りすぎてもやっぱり危ない．「ほどほど」というのは難しいものだ．

[*14] 科学というのは謙虚であると同時に，変わり身の素早いものでなくてはならない．当然，いまある量子力学に変更が加えられるとしたら，先人たち同様に世界をとことん調べた結果そうなるのである．

それは錯覚である．

　この本を読み進んでいく中で，量子力学に衝撃を受け，量子力学の不思議さを感じてほしい．量子力学の不思議さはすなわち，われわれの住んでいるこの世界の不思議さである．われわれの住んでいるこの世界は，量子力学を知らない人が漠然と思っているよりもずっとずっと，不可思議なからくりをもっている．それを解き明かしていき，理解していくことこそが物理の勉強である．

　本書の構成について述べる．第2章では，量子力学が始まる前の歴史において，「光は波か粒子か」がどのように考えられていたかを述べる（→ p13）．第3章以降では20世紀に入ってからどのように光の粒子性が見えてきたかについて考え（→ p37），さらに第6章よりあとは物質の波動性について扱い，量子力学という不思議な学問（→ p77）がどのように発展していったかを学ぶ．第9章ではついに量子力学の中心となる方程式，シュレーディンガー方程式に出会う（→ p107）．その後は量子力学という不思議な学問の，まさに入門の段階を行う．

　その中で「量子力学という新しい常識」の世界へと足を踏み入れていこう．

問　題

1.1　紫外線（波長が 5×10^{-8} m）と赤外線（波長が 5×10^{-7} m）の1個の光子のもつエネルギーと，水素原子のイオン化エネルギー 13.6 eV を比較せよ．これは何を意味するか．
注：eV は「電子ボルト」と読み，$1\,\text{eV} = 1.6 \times 10^{-19}$ J．素電荷 1.6×10^{-19} C の電荷が 1 V の電位のところにいるときの位置エネルギーである．

ヒント → p163 へ　　解答 → p171 へ

1.2　0等星の照度は 2.5×10^{-6} ルクスである．1ルクスは1平方メートルあたり 1/683 ワットのエネルギー流に対応する．人間の瞳の広さを $0.5\,\text{cm}^2$ として，瞳から入ってくるエネルギーを考え，そのエネルギーが眼の水晶体（レンズ）によって視細胞1個（半径 10^{-6} m の球とする）に集められたとする．光を波動と考えた場合，視細胞にある感光物質（ロドプシン）の1分子（半径 10^{-10} m としよう）が化学反応するエネルギー（5×10^{-19} J としよう）を得るには何秒かかるか．

ヒント → p163 へ　　解答 → p171 へ

2 波動光学と幾何光学

 この章では，「光は波なのか粒子なのか」という問題の，17世紀〜18世紀という古い時代における「回答」を学ぶ．20世紀になってこの問題には別の回答が出されることになるが，この部分を考えておくことは，量子力学の本質を理解するためにはとても大事である．波動や光について詳しい人はこの章を飛ばしても差し支えない．

2.1 光は粒子か波か？

 17世紀後半頃にニュートンやホイヘンスが「光は波か，粒子か？」という論争を行ったという話は1.1節でも書いた．なぜニュートンは粒子説を唱えたのか？
 ニュートンは，直進することを光が粒子である理由としていた．ニュートンの考えに従えば，波はかならず回折現象を起こし，直進せずにいろいろな方向に広がるはずである．では，日常観測する光は，なぜ直進する（ように見える）のだろうか．細いすきま（単スリット）を通り抜けた後の光を考えて，「波である光がなぜ直進する（ように見える）か」に答えよう．
 図2.1は，幅Dの単スリットを通り抜けた後の光がどのように進むかを表したものである．波長が（幅Dと比較して）短ければ短いほど，スリットを通り抜けた光の広がりが小さくなっていることがわかる．
 ホイヘンスの原理によれば，図に示した点にやってくる光は，スリットを通り抜けた光（素元波）の和であるが，スリットの幅より外にやってくる光は，スリットの幅の内側にやってくる光より，極端に弱くなる．
 単純な例について計算を実行してみよう．2次元で考えることにして，図2.2のような単スリットを抜けて，y軸に対してθだけ傾いた方向に進行する波を考えよう．スリットに当たるまでは，波がe^{ikx}で表せる波だったとする．$x=0$の場所に壁があり，$y=-L$から$y=L$までの間だけスリットがあってそこを

14　2　波動光学と幾何光学

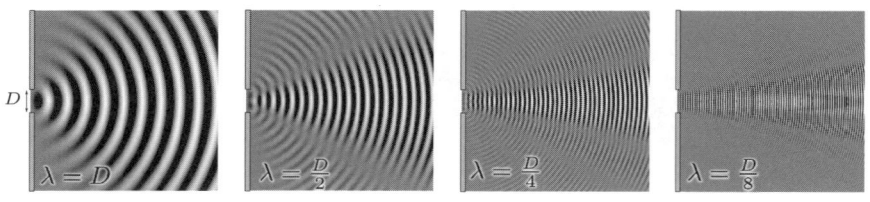

（この波は近似した計算で書いたものなので、実際の波とは多少違います）

図 **2.1**　単スリットを通り抜けた後の光

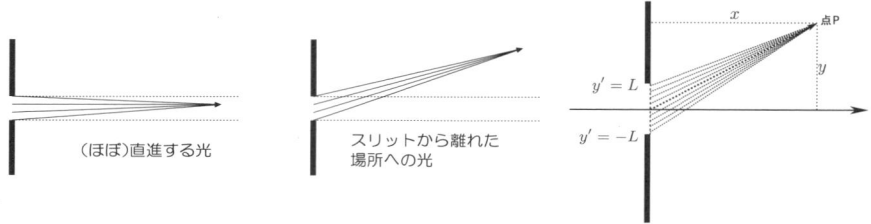

図 **2.2**　スリットを通り抜ける光．消えないのはどっち？

通り抜けてくる．

図2.2の$x=0$（y軸上）において、yが$-L$からLまでは穴が空いているので、その場所で発生した素元波の集まりで通り抜けた後の波が表現できる．

θ方向にrだけ離れた場所にやってくる波を考えるが、rは非常に大きいので、$y'=L$から来る波と$y'=-L$から来る波の進んだ距離の差は非常に小さいとして、その振幅はほとんど違わない（しかし、位相は違う）と考えよう．すると、いま考えている点に到着する波の振幅は

$$（定数）\times \int_{-L}^{L} dy' e^{ik\sqrt{x^2+(y-y')^2}} \tag{2.1}$$

という積分をすればよい．この積分をこのままやるのはたいへんだが、グラフを書いてだいたいの状況を見ておこう．

図2.3の右側に並べたグラフの横軸は時間ではなく、「光がスリットを通過したときのy'座標」である．グラフの片方は横軸がy'、縦軸が$\sqrt{x^2+(y-y')^2}$であり、もう一方のグラフは縦軸が$\cos k\sqrt{x^2+(y-y')^2}$である（いま考えている波は$e^{ik\sqrt{x^2+(y-y')^2}}$という複素数の波だが、実部だけをグラフにした）．

2.1 光は粒子か波か？ 15

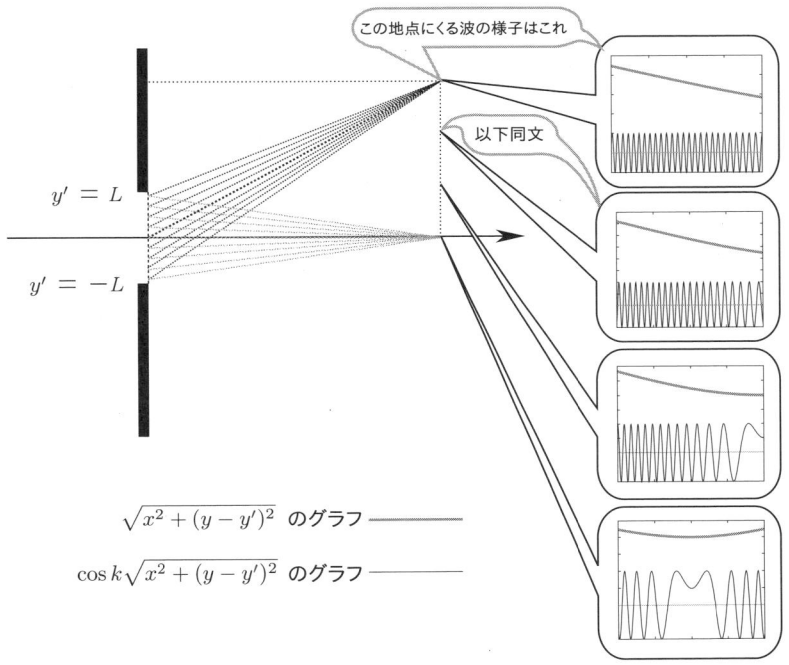

図 2.3　スリットを通り抜けた光の重ね合わせ

　図 2.3 を見ると，「スリットの中心から離れるにしたがって足算されている波である $\cos k\sqrt{x^2+(y-y')^2}$ の y' の変化による振動が激しくなっていく」ことが見てとれるであろう．実際にこれらおのおのの場所で観測される光はこのグラフを積分した結果であると考えればよい．このように振動している波のような関数を積分すると，「山」（正の部分）と「谷」（負の部分）を足すと消えてしまうのであるから，結果は 0 に近くなることが予想される．

　一方，$y=0$ の部分にやってくる光（図 2.3 で $y=0$ の部分に対応し，一番下に書いてあるグラフ）を考えると，真ん中あたりだけは足算しても消えそうにない部分がある．だいたいの感じとしては $y=-L$ から $y=L$ の間であれば，残る部分がありそうである[*1]．つまり，スリット幅より内側については光

[*1] これがぴったりではなく「だいたいの感じとして」なのは，図に描いてわかりやすくしたいという事情のために，考えている波の波長を長めに描いているからである．光の波長はもっと短い．

がある程度消されずに残る．実際に計算してみると，波長が短いときには図 2.2 の点線より外側での光の振幅はほとんど 0 になってしまうことが確認できる．
→ p14

実際に計算させたグラフが図 2.4 である．

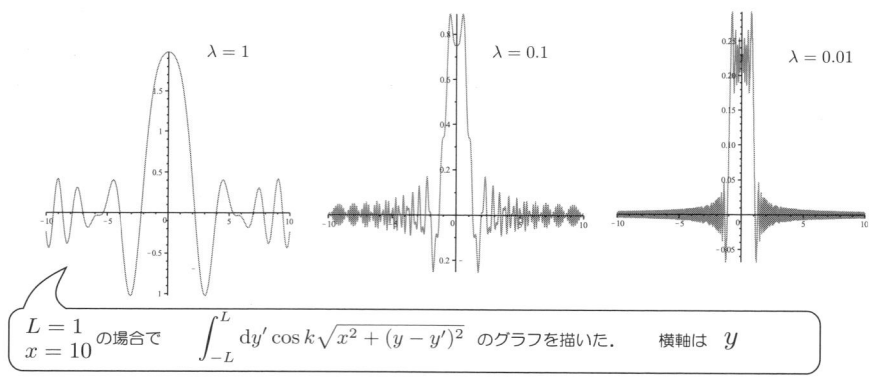

$L = 1$, $x = 10$ の場合で $\int_{-L}^{L} dy' \cos k \sqrt{x^2 + (y-y')^2}$ のグラフを描いた．横軸は y

図 2.4 　λ を変化させたときの通り抜ける波の様子

図 2.4 のグラフの横軸は y' ではなく y であることに注意せよ（y' が積分された結果のグラフである）．$L = 1$ の場合で，波長が $1, 0.1, 0.01$ の場合であるが，波長が短くなることで $-1 < y < 1$ の範囲に波が局在する傾向が強まっていることがわかる．なお，実際の光では波長が 10^{-7}m ぐらいである．

波長とスリット幅が同じぐらいのときは，光がスリットを通り抜けた後に広がる（回折する）ことが以上からわかる．

図 2.5 は波長が長い場合と短い場合で，単スリットを通り抜けた光がどのように重なるかを描いたものである．

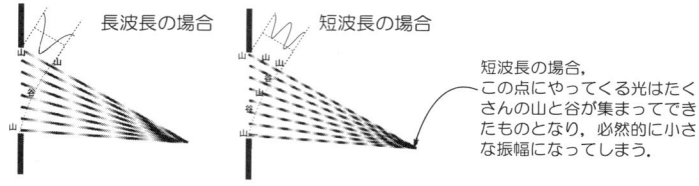

図 2.5 　波長の違いと直進性の違い

長波長の場合には，光は波として広がることになる．光学の方では「波長と

スリット幅が同程度のとき、よく回折が起こる」といわれるが、それはこういう理由である．

各点各点の波としての光は広がろうとするのだが、光全体の進む路から離れたところへ来た波は互いに消しあってしまうので、全体としての光は広がることができないのである．厳密にいうと、少し広がっているのだが、その広がりが小さくて見えない[*2]．これは、あとで出てくる「**波動関数**（これが何なのかはまだわからなくてよい）」$\underset{\to \text{p110}}{}$ で表される、波であるところの粒子が、なぜ直進するように観測されるのか、という疑問に対する答でもある．覚えておこう．

「光が直進する」ことをわれわれは（日常経験から得られた感覚として）当たり前のことと考えてしまう．そのため「光が直進することは原理となる物理法則があるからであって、何かで証明されるようなものではない」というふうについつい捉えてしまう（実際「幾何光学」とよばれる分野ではそうする）．この節の考察からわかったことは、実はそうではなく「光は波であり、波は干渉する」ことが「光が直進する（ように見える）」ことの理由となっているということであった．つまり、**光の直進性は「原理」ではなく、干渉という現象の「結果」**なのである．

光の粒子説をとった人々（代表がニュートン）は光の直進を「物体が力を受けないときに等速直線運動する」という質点の力学でおなじみの等速直線運動と同様に考えてしまった．あたかも摩擦や抵抗を受けない粒子が直進するように、光の粒が直進するイメージをもってしまったわけである．それは光の波長が想像以上に短すぎた（逆に考えれば、考えるスケールが光の波長に比べて大きすぎた）からである．

スケールの違いは、目に見える物理に大きな違いを生む．

量子力学に入門する者は、この教訓を頭に留めておく必要があるだろう．

[*2] この広がり具合は波の波長に比例するが、光の波長は 10^{-7} m のオーダーであるから、日常において広がりはほとんど見えない．一方、音の波長は 1 m のオーダーであるから、音の広がりは日常でもよくわかる．扉の陰にいる人でも部屋の中の話し声が聞こえるのは、音の広がりのおかげ．

2.2 屈折の法則と光速度

光の直進性もそうであるが，光は波か粒子かという議論の中で大きな問題点となったのが「光の屈折をどのように解釈するか？」である．ここでは粒子説による説明と波動説による説明を書いて，どちらに軍配が上がったかを説明しよう．

2.2.1 粒子説による屈折の説明

粒子説では以下のように屈折を説明する．

光を粒子と考えると，それが曲がるというのはその粒子になんらかの「力」が働くことである．空気中から水中に光が入る場合，図 2.6 のように曲がる．

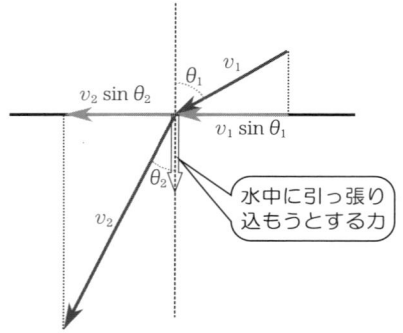

図 **2.6** 粒子説による屈折の法則の説明

これは，水面のところで光の粒子を「水中に引っ張り込もうとする」ような力が働いていると解釈することができるであろう．この力が「水面に垂直に働く」と考えることはもっともらしい．そして，そうであれば「水面に平行な方向の速度成分は保存される」ことが結論されるが，それは

$$v_1 \sin \theta_1 = v_2 \sin \theta_2 \quad \text{より,} \quad \frac{\sin \theta_1}{\sin \theta_2} = \frac{v_2}{v_1} \tag{2.2}$$

という「屈折の法則」を導く．空気中での光の速度と水中での光の速度が一定であるとすれば，この $(\sin \theta_1 / \sin \theta_2)$ という量も一定量となるわけである．

この考え方では「引っ張り込まれたあと」である水中の方が，光の速度は速くなる（$v_2 > v_1$）．次に述べる波動説による説明との大きな違いである．

2.2.2 幾何光学による屈折の説明

幾何光学では以下のように屈折の法則を説明する.

たとえば空気中から水中へと進む光を考えよう. 光の場合，水中の方が速度が遅い. 振動数は（境界面での接続を考えるとわかるように）空気中でも水中でも同じであるから，速度が違うことは波長が違う（あるいは，波数が違う）. この波長（波数）の違いが「屈折」の原因となる.

ここで「波数」という言葉に慣れていない人のために説明をしておく. $\cos($なんとか$)$, $\sin($かんとか$)$ のように三角関数で書ける関数の $\cos$ や $\sin$ の中身のことを「**位相**」とよぶ. 位相が x の 1 次関数であるとき，x の前の係数を「**波数**」とよぶ. 別のいい方をすると，この式を $\cos(kx+定数)$ とか $\sin(kx+定数)$ とまとめたときに k にあたるものが波数である. 波数は単位長さあたりどれだけ位相が変化するかを表す. 位相は，波 1 個（長さにして 1 波長）で 2π だけ変化するから，単位長さあたり，$2\pi/$波長 だけ変化する. すなわち，(波数) $= 2\pi/$波長 である. 今後，この波数を使って波を分類することが多い[*3].

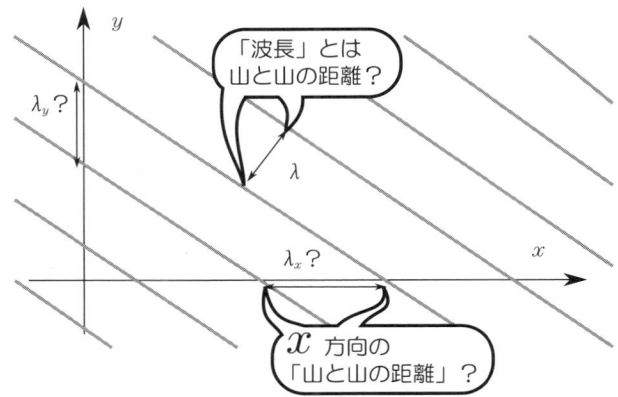

図 **2.7** 無理矢理（?）考えた波長の x 成分

波数が波長より便利である理由の一つは，波数に関しては「x 成分, y 成分, z 成分」を考えてベクトル量とすることができることである.「波長の x 成分」

[*3] 「波数」という言葉から「波の数」と勘違いする人がいるが，波数の定義は「単位距離あたりの位相の変化」である.「単位距離あたりの波の数」ならば $1/\lambda$ で計算できる. 波数はこれの 2π 倍.

を，図 2.7 のように無理矢理考えた[*4]としても「ベクトルの x 成分」にはまったくならない．図に書きこんだ λ_x は「x 軸方向で測った波の山と山の距離」であるが，これは λ より大きくなっている．つまり，普通のベクトルのように「ベクトルを x 軸方向に射影すると x 成分が得られる」という関係にはまったくなっていない．具体的には，

$$\lambda_x \cos\theta = \lambda, \qquad \lambda_y \sin\theta = \lambda \tag{2.3}$$

という関係になっている．これは，通常のベクトルが

$$(x\,成分) = (大きさ) \times \cos\theta, \qquad (y\,成分) = (大きさ) \times \sin\theta \tag{2.4}$$

であるのと逆になっている．むしろ λ の逆数に比例する波数 $k = 2\pi/\lambda$ の方が

$$\underbrace{\frac{2\pi}{\lambda_x}}_{k_x} = \underbrace{\frac{2\pi}{\lambda}}_{k} \cos\theta, \qquad \underbrace{\frac{2\pi}{\lambda_y}}_{k_y} = \underbrace{\frac{2\pi}{\lambda}}_{k} \sin\theta \tag{2.5}$$

となって，ベクトルの長さの関係を満たしている．

あとで，この「波数」が運動量と比例する量となるが，運動量はベクトル量であるのだから，波数もベクトル量でないと困ることになる（そして，幸いにも実際そうなっている）．
→ p61

さて，波長や波数が場所によって違うことが波の屈折を起こす．屈折の経路は

―― フェルマーの原理 ――

> 光は最短時間で到達できる経路を通って伝播する．

によって計算することができる[*5]．

フェルマーの原理のこの表現はあたかも光になんらかの「意思」があるように聞こえるいい方で，そうなる原因がわからないと神秘的に聞こえるかもしれない．光がどうして「最短距離」なんてものを知ることができるのか，その答はすぐあとで説明するので，慌てないで待ってほしい．
→ p29

[*4] ここでは二次元の図で表現したが，実際は z 方向も入れて三次元で考えてあげなくてはいけない．

[*5] 実は厳密には「最短距離」は正しくない．状況によっては最長距離を通ることもあることが知られている．

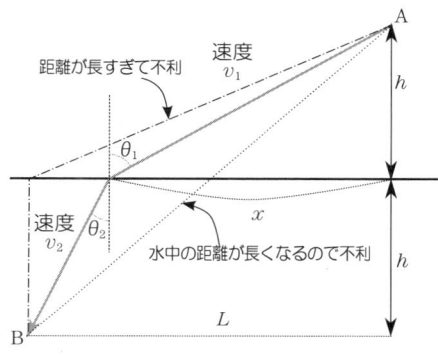

図 **2.8** フェルマーの原理

　図 2.8 を見てほしい．A 地点から B 地点へと波が進行する際，屈折が起こるわけである．

　まずはフェルマーの原理で屈折の法則が導けることを確認しよう．図の A 地点から B 地点へ向かう光を考える．A から B にまっすぐ進む線（図の点線）は距離は最短に見えるが，光が遅くしか進めない水中の距離が長いので，決して「最短時間」ではない．では水中の距離が短い経路ならよいかというと，図の一点鎖線のような経路だと，空気中の距離が長くなりすぎて不利である．

　結局，この両極端間のどこか（どこになるかは空気中と水中の速度の比によって決まる）に最短時間で光が到着できる場所がある．それが実現する光の経路となる．

　では，それがどこかを計算してみよう．図のように A 地点，B 地点の位置と，光が屈折する点での入射角と屈折角を設定すると，A から光が入る場所までの距離は $\sqrt{h^2+x^2}$，そこから B までの距離は $\sqrt{h^2+(L-x)^2}$ である．それぞれの場所での光の速度は v_1, v_2 としているから，A から B までに光が進むのに必要な時間は

$$\frac{1}{v_1}\sqrt{h^2+x^2} + \frac{1}{v_2}\sqrt{h^2+(L-x)^2} \tag{2.6}$$

である．

　これが最短になるところでは，時間を x で微分すると 0 になるので，

$$\frac{1}{v_1}\frac{x}{\sqrt{h^2+x^2}} + \frac{1}{v_2}\frac{-(L-x)}{\sqrt{h^2+(L-x)^2}} = 0 \tag{2.7}$$

が成り立ち，

$$\frac{1}{v_1}\underbrace{\frac{x}{\sqrt{h^2+x^2}}}_{\sin\theta_1}=\frac{1}{v_2}\underbrace{\frac{(L-x)}{\sqrt{h^2+(L-x)^2}}}_{\sin\theta_2} \quad \text{すなわち} \quad \frac{\sin\theta_1}{\sin\theta_2}=\frac{v_1}{v_2} \quad (2.8)$$

という式が出る．これまた屈折の法則が再現されるわけであるが，粒子説のときとは，v_1, v_2 の立場が逆である！

屈折の法則というと波動光学を使ってホイヘンスの原理から説明されることが多い．

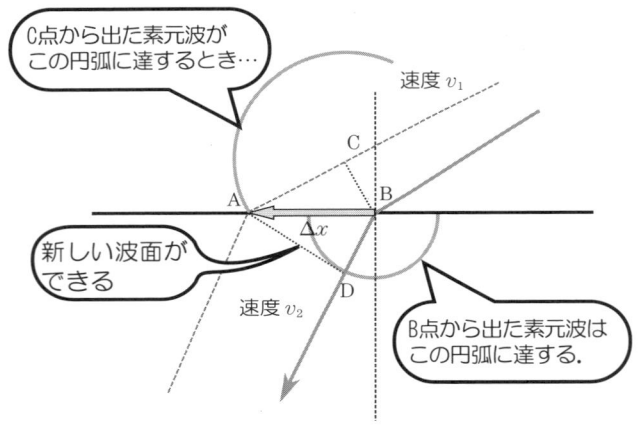

図 **2.9** ホイヘンスの原理による屈折の説明

ホイヘンスの原理はある時刻の波面から出た素元波の包絡線が次の一定時間のちの時刻における新しい波面を作るという原理であった．図 2.9 の BC にできている波面から出た素元波が水中に入って速度が変わることで図の AD の部分に新しい波面を作る（微小時間 Δt の間に素元波の進む距離が AC $= v_1\Delta t$ と BD $= v_2\Delta t$ と表現される）．こうして新しい波面が元の波面に対し傾くことから屈折の法則が出てきた．

フェルマーの原理とホイヘンスの原理がどういう関係にあるのか，その対応を見るために，上でフェルマーの原理の説明で行った「微分して 0」という計算を図解して，それがホイヘンスの原理による計算と同じ結果を与えることを見よう．

2.2 屈折の法則と光速度

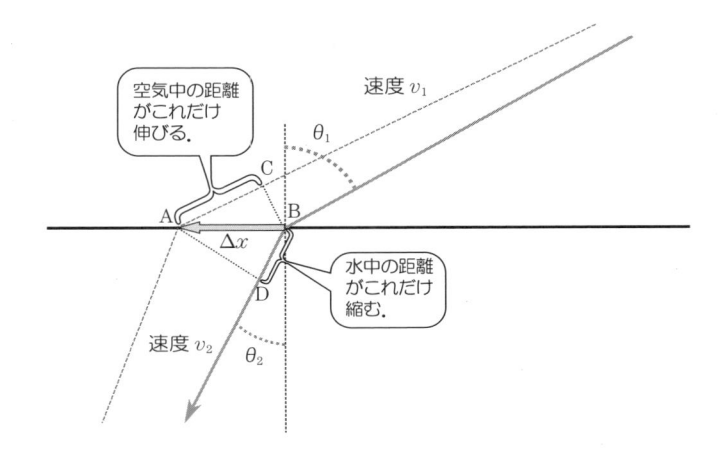

図 **2.10** 光路を少し変形したとき

微分というのは「ほんの少し変化させてみてその変化を調べる」という計算である．そこで x を Δx だけ変化させたときの光の通る道の違いは，図 2.10 のようになる（図は水中に入る部分を拡大したものである）．

光が点 B で水中に入っていたとして，その位置を Δx ずらして点 A から入るように変更したとしよう．

図 2.10 の「空気中の距離」の伸びは AC$= \Delta x \sin\theta_1$ だし，「水中の距離」の縮みは BD$= \Delta x \sin\theta_2$ である．よってこの変形により，かかる時間は

$$\frac{\text{AC}}{v_1} - \frac{\text{BD}}{v_2} = \frac{\Delta x \sin\theta_1}{v_1} - \frac{\Delta x \sin\theta_2}{v_2} \tag{2.9}$$

だけ変化する．AC$/v_1 > BD/v_2$ なら，この変化により時間がよりかかったことになる．一方，AC$/v_1 < BD/v_2$ であれば時間が短縮されたことになる．ちょうど「最短時間の場所」であったとすれば，どちらにいっても増えることになるが，その増加の割合が 0 になるという条件が

$$\frac{\frac{\text{AC}}{v_1} - \frac{\text{BD}}{v_2}}{\Delta x} = \frac{\sin\theta_1}{v_1} - \frac{\sin\theta_2}{v_2} = 0 \tag{2.10}$$

である．この条件もまた，屈折の法則 $\sin\theta_1/\sin\theta_2 = v_1/v_2$ を導く．

こうしてフェルマーの原理とホイヘンスの原理が結びつくわけである．

2.3　位相速度と群速度

前節で屈折について二つの立場で考えたが，波動説と粒子説では，空気中と水中の光速に関してまったく逆のこと（波動説では水中の方が遅く，粒子説では水中の方が速い）を仮定した．それでありながら，結果としてどちらも実験と一致する屈折の法則が出てくるというのは不思議なことだ．当然この二つの派は互いを認めなかった．光に関しては軍配は（少なくともいったんは）波動説に上がる．というのは実験によって水中の方が光が遅いことが確認されたからである．

さて，もし「光の粒子説」と「光の波動説」が両方正しいとするならば[*6]，「屈折」という現象と「力を受けて曲がる」という現象は同じ現象を別の解釈で見ていることになる．実は「屈折」と「力を受けて曲がる」を類似の現象とするこの考えは，後の物質波の話の中で復活することになる．
→ p82

しかしそのとき，波動説と粒子説では速度に関して逆の現象を予言していることはどう解決されるのであろうか？——そのことの鍵となるのが，波には二つの速度——位相速度と群速度があるという事実である．そこで後で物質波の話をするときのために，この二つの速度について説明しよう．
→ p111

一般に「波の速度」は1種類ではない（少なくとも2種類ある）．$y = A\sin(kx - \omega t)$ のような，一つの三角関数で表現される波は「正弦波」あるいは「単色波」などという．このような波に対しては速度は1種類しか考えられない．

$$y = A\sin(kx - \omega t) = A\sin\left(k\left(x - \frac{\omega}{k}t\right)\right) \tag{2.11}$$

と変形する．この関数は $y = A\sin kx$ を $(\omega/k)t$ だけ平行移動したものである[*7]．単位時間ごとに (ω/k) ずつ x 軸の正方向へ移動していく関数である．こ

[*6] 現段階では直観的に「両方正しいなんてことがあるもんか」と思うのが普通だと思う．しかし，直観など当てにならないのだ！

[*7] 「平行移動するのなら $x \to x + (\omega/k)t$ と x に足さなくてはいけないのではないか？」と勘違いする人が多いが，実際には引算することで正方向に平行移動する．これは，「平行移動前の $x = 0$ は平行移動後の $x = (\omega/k)t$ ($x - (\omega/k)t = 0$) に対応する」と考えると納得がいく．

2.3 位相速度と群速度

の (ω/k) は波の「位相速度」とよぶ（単に「波の速度」といわれるとこちらを思い浮かべる人が多いに違いない）.

さて，複数の波が重なると速度は上で述べた位相速度以外の速度を考える必要が出てくる．もっとも単純な二つの正弦波の重なりから考えよう．「波数が $k+\Delta k$, 角振動数が $\omega+\Delta\omega$ の波」と，「波数が $k-\Delta k$，角振動数が $\omega-\Delta\omega$ の波」が重なったとする．

$$
\begin{aligned}
&A\sin[(k+\Delta k)x-(\omega+\Delta\omega)t]+A\sin[(k-\Delta k)x-(\omega-\Delta\omega)t]\\
&=A\Big[\sin\big(kx-\omega t+(\Delta k x-\Delta\omega t)\big)\\
&\quad+\sin\big(kx-\omega t-(\Delta k x-\Delta\omega t)\big)\Big]
\end{aligned}
\tag{2.12}
$$

という波になるが，ここで三角関数の公式

$$\sin(A+B)+\sin(A-B)=2\sin A\cos B \tag{2.13}$$

を使うと，

$$y=2A\sin(kx-\omega t)\cos(\Delta k x-\Delta\omega t) \tag{2.14}$$

となる．つまり三角関数の和が三角関数の積に書き直される．もともと，「波数が $k+\Delta k$，角振動数が $\omega+\Delta\omega$ の波」と，「波数が $k-\Delta k$，角振動数が $\omega-\Delta\omega$ の波」の和であった波が，「波数が k，角振動数が ω の波」と，「波数が Δk，角振動数が $\Delta\omega$ の波」の積の波になるのである．

図 2.11 のグラフは $k=1$，$\Delta k=0.1$ の場合を示したものである．$A\sin 1.1x$ と $A\sin 0.9x$ が足算された結果，$2A\sin x\cos 0.1x$ になっている．$A\sin 1.1x$ と $A\sin 0.9x$ の位相が（「山＋山」あるいは「谷＋谷」のように）そろっている場所では，$2A\sin x\cos 0.1x$ が大きな振幅となり，$A\sin 1.1x$ と $A\sin 0.9x$ の位相が（「山＋谷」あるいは「谷＋山」のように）逆になっている場所では，$2A\sin x\cos 0.1x$ が小さな振幅になる．この「大きな振幅」と「小さな振幅」のくり返しもまた，一つの波になっているので，$2A\sin x\cos 0.1x$ を，$2A\cos 0.1x$ という振幅をもっている波数 1 の波 ($\sin x$) と考えることにする．この $\sin x$ の波が進む速度と，$2A\cos 0.1x$ という波の進む速度は違う．

$$y=2A\sin(kx-\omega t)\cos(\Delta k x-\Delta\omega t)$$

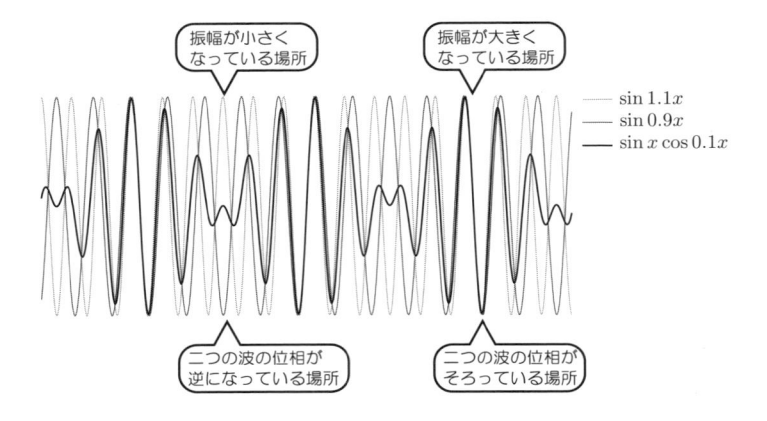

図中ラベル:
- 振幅が小さくなっている場所
- 振幅が大きくなっている場所
- sin 1.1x
- sin 0.9x
- sin x cos 0.1x
- 二つの波の位相が逆になっている場所
- 二つの波の位相がそろっている場所

図 2.11 少しだけ波長が違う二つの波の重ね合わせ

$$= 2A \sin\left[k\left(x - \frac{\omega}{k}t\right)\right] \cos\left[\Delta k\left(x - \frac{\Delta\omega}{\Delta k}t\right)\right] \tag{2.15}$$

と書き直して考えると，$\sin kx$ という波が速度 ω/k で進行し，$\cos \Delta k x$ という波が速度 $\Delta\omega/\Delta k$ で進行する，と読み取ることができる．この ω/k の方を「**位相速度**」(phase velocity)，$\Delta\omega/\Delta k$ の方を「**群速度**」(group velocity) とよぶ．一般に二つの速度は一致しない．いまの二つの波 $A\sin((k+\Delta k)x - (\omega+\Delta\omega)t)$ と $A\sin((k-\Delta k)x - (\omega-\Delta\omega)t)$ を重ねたが，この二つの波の位相速度が違う（前者は $(\omega+\Delta\omega)/(k+\Delta k)$，後者は $(\omega-\Delta\omega)/(k-\Delta k)$）ことが重要である．

$(\omega+\Delta\omega)/(k+\Delta k) > (\omega-\Delta\omega)/(k-\Delta k)$ の場合，波数が大きい（つまり波長が短い）波の方が速く進む．

結果として，図 2.12のように，いま「位相が合っている」地点の，もう少し「先」にある波が次に位相が合って強めあう．ということは，「大きな振幅になる場所」が波そのものよりも速く進む．つまり「位相速度＜群速度」である．

一方，$(\omega+\Delta\omega)/(k+\Delta k) < (\omega-\Delta\omega)/(k-\Delta k)$ の場合，波数が小さい（つまり波長が長い）波の方が速く進む．

よって，さっきとは逆になって，図 2.13に示したように，「後」にある波が次に位相が合って強めあうことにより，「群速度＜位相速度」となる．

この波数が小さい（つまり波長が長い）波の方が速く進む条件は，

2.3 位相速度と群速度

波長が短い方が速い場合

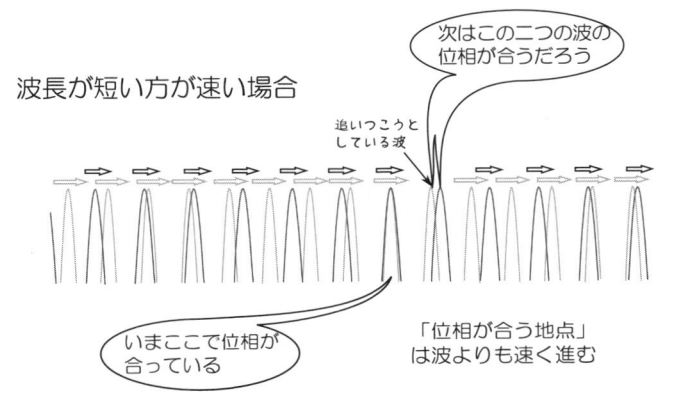

（追いつこうとしている波）
（次はこの二つの波の位相が合うだろう）
（いまここで位相が合っている）
（「位相が合う地点」は波よりも速く進む）

図 2.12 群速度の方が速い場合

波長が長い方が速い場合

（追いつこうとしている波）
（次はこの二つの波の位相が合うだろう）
（いまここで位相が合っている）

図 2.13 群速度の方が遅い場合

$$\frac{\omega + \Delta\omega}{k + \Delta k} < \frac{\omega - \Delta\omega}{k - \Delta k} \quad \text{(分母を払って)}$$
$$(\omega + \Delta\omega)(k - \Delta k) < (\omega - \Delta\omega)(k + \Delta k) \quad \text{(展開して整理)}$$
$$\Delta\omega k - \omega\Delta k < -\Delta\omega k + \omega\Delta k$$
$$2\Delta\omega k < 2\omega\Delta k \quad (2k\Delta k \text{ で割って})$$
$$\frac{\Delta\omega}{\Delta k} < \frac{\omega}{k}$$

と変形することで，たしかに「群速度 < 位相速度」という式になっている．

一般に，波の波数 k と角振動数 ω の間にはなんらかの関係があるので，角振動数が $\omega(k)$ のように，波数の関数になっているとしよう．この波数 k の波の位

相速度は $\omega(k)/k$ であり，$\omega(k) = ck$ のような比例関係にない限り[*8]，k によって変化する．この k と ω の関係のことを「**分散関係**」とよぶ．

上に出した計算では群速度は $\Delta\omega/\Delta k$ であったが，分散関係が関数 $\omega(k)$ の形で与えられた場合は $\mathrm{d}\omega(k)/\mathrm{d}k$ で計算される．

【補足】 ─────────────────────────── この部分は最初に読むときは飛ばしてもよい．

一般の波は，

$$\int \mathrm{d}k f(k) \sin(kx - \omega(k)t + \alpha(k)) \tag{2.16}$$

のように，ある波数 k をもつ波を，それぞれ違う振幅 $f(k)$，違う角振動数 $\omega(k)$，そして違う初期位相 $\alpha(k)$ で重ね合わせたもので書けているのである．式 (2.16) は「任意の波」であるが，以下ではとくに「波数がだいたい k_0 であって，k_0 に近い波数の波が少し混じっている」という状況を考えてみる．ただし，以下の計算では初期位相 $\alpha(k)$ はすべて 0 とする．

いま考えている波の主要部分は $\sin(k_0 x - \omega(k_0)t)$ である．この波の進む速度（位相速度）は $\omega(k_0)/k_0$ となる．位相を，

$$kx - \omega(k)t = (k_0 + k - k_0)x - \left[\omega(k_0) + \frac{\mathrm{d}\omega}{\mathrm{d}k}(k_0)(k - k_0) + \cdots\right]t \tag{2.17}$$

と[*9]k_0 を中心にテイラー展開して，$\cdots$ の $\mathcal{O}((k-k_0)^2)$ の項[*10]を無視して考える．すると，位相が

$$\underbrace{k_0 x - \omega(k_0)t}_{\text{主要部}} + \underbrace{(k - k_0)\left(x - \frac{\mathrm{d}\omega}{\mathrm{d}k}(k_0)t\right)}_{k-k_0\text{に比例するずれ}} \tag{2.18}$$

と考えてよい．$f(k)$ が $k_0 - \Delta k < k < k_0 + \Delta k$ の範囲で f_0，それ以外では 0 であるような関数だとして計算すると，

$$\int_{k_0 - \Delta k}^{k_0 + \Delta k} \mathrm{d}k f_0 \sin\left[k_0 x - \omega(k_0)t + (k - k_0)\left(x - \frac{\mathrm{d}\omega}{\mathrm{d}k}(k_0)t\right)\right] \tag{2.19}$$

となる．この積分の結果は

$$\frac{f_0}{x - \frac{\mathrm{d}\omega}{\mathrm{d}k}(k_0)t} \sin(k_0 x - \omega(k_0)t) \sin\left[\Delta k\left(x - \frac{\mathrm{d}\omega}{\mathrm{d}k}(k_0)t\right)\right] \tag{2.20}$$

[*8] 真空中の光速は $\omega(k) = ck$ が成立する例で，この場合位相速度は c で，一定である．

[*9] $(\mathrm{d}\omega/\mathrm{d}k)(k_0)$ とは，関数 $\omega(k)$ を k で微分した後，$k = k_0$ を代入したもの．代入を先にやったら微分できない（しても答は 0）．

[*10] $\mathcal{O}$ は「オーダー」と読み，$\mathcal{O}(x^2)$ とあったら「x の 2 次以上の項」という意味．

とまとめることができ，やはり位相速度 $\omega(k_0)/k_0$ で進む波と，群速度 $d\omega/dk(k_0)$ で進む波の積となっている．

──────────────────────────────────────【補足終わり】

群速度は名前の通り，波の中に「群」となっている部分があって初めて定義できる速度であることに注意しよう．

以上のように，一口に「波の速度」といっても 1 種類ではない．このことが後で物質波の話をするときに利いてくる．
→ p111

2.4 干渉の結果として考える屈折の法則

2.2 節で屈折を考えたが，屈折が起こる理由を，波の重ね合わせで考えることもできる．
→ p18

フェルマーの原理で最小であれ，とされたのは出発から到着までの時間

$$\frac{k_1}{\omega}\sqrt{h^2+x^2} + \frac{k_2}{\omega}\sqrt{h^2+(L-x)^2} \tag{2.21}$$

であったが，この二つの項において ω は共通だから，

$$k_1\sqrt{h^2+x^2} + k_2\sqrt{h^2+(L-x)^2} \tag{2.22}$$

が最小になると考えて計算しても結果は一緒である．この量は距離に波数を掛けて足算したものだから，点 A と点 B の位相差となる．フェルマーの原理は「位相差が最小となる経路を光が通る」といい直してもよい．

位相差が最小であるときの x を求めるために，これを x で微分して 0 とおくと，$(d/dx)\sqrt{h^2+x^2} = (x/\sqrt{h^2+x^2})$ のように計算していくことで，

$$k_1\underbrace{\frac{x}{\sqrt{h^2+x^2}}}_{=\sin\theta_1} - k_2\underbrace{\frac{L-x}{\sqrt{h^2+(L-x)^2}}}_{=\sin\theta_2} = 0 \tag{2.23}$$

$$k_1\sin\theta_1 = k_2\sin\theta_2 \tag{2.24}$$

$$\frac{\sin\theta_1}{k_2} = \frac{\sin\theta_2}{k_1} \tag{2.25}$$

という条件が出る．これは，前に求めた屈折の法則と同じである（計算方法を見ても同じことをやっているのがわかるだろう）．

図中ラベル:
- A
- 空気中
- このあたりがちょうど位相がそろうところ
- このあたりの光は干渉により消える
- 水中
- B

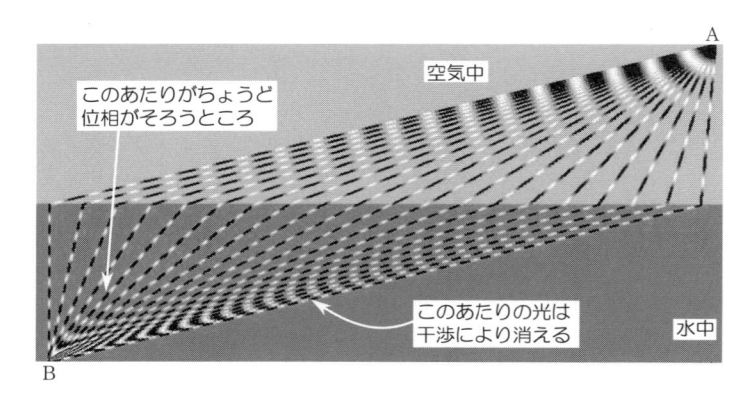

図 2.14 屈折の法則を干渉で説明する

ではなぜ光は最小位相差の経路を通るのだろうか??――実は重要なのは「最小であること」ではなく、「最小であるところは微分が 0 であること」、すなわち位相変化が小さくなっていることが重要なのである．素元波の考え方からすれば、光（一般に波）は、ありとあらゆる方向に進むのであるが、その素元波を足算して重ね合わせしていった結果、干渉によって消されることなく残る部分は、足算されるときに似たような位相の光が重なるところである．図 2.14 を見て「水面で曲がる光」がちょうど位相がそろう場所であることを確認しよう．

これがすなわち、位相変化が小さい（すなわち、位相が極値[*11]をとる）経路が「選ばれる」理由なのである．

図 2.15 は、水中に入る場所と、そのときの位相、およびその位相から計算される $\sin$ の値のグラフである．
→ p31

位相 $k_1\sqrt{h^2+x^2}+k_2\sqrt{h^2+(L-x)^2}$ が最小値（停留値）となる場所では波の振動が比較的少なくなっていて、重ね合わされた結果このあたりは残る．一方、位相変化が大きいところでは激しく振動していて、そのあたりの足算はほぼ 0 となってしまい、最終結果には影響しなくなってしまう．

われわれはふだん光が直進し、ときには屈折することを当たり前のように目にしているが、それらの光のふるまいはすべて、光が波であって、いろいろな経路を進むが、特別な経路以外を通る光が干渉によって消されているがゆえな

[*11] 「微分して 0」が大事なので、位相が最小値をとらなくてもよい．最大値でもよいし、極大・極小でもよい．単に停留値であってもよい．

$k_1\sqrt{h^2+x^2}+k_2\sqrt{h^2+(L-x)^2}$
のグラフ

停留点

$\sin\left(k_1\sqrt{h^2+x^2}+k_2\sqrt{h^2+(L-x)^2}\right)$
のグラフ

このあたりは生き残る

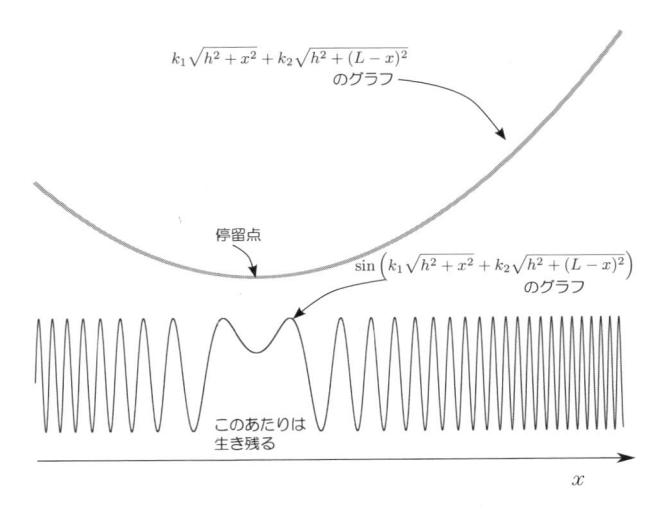

x

図 **2.15**　波の位相のグラフ

のである．

　前に光が直進するのは「原理」でなく別の原理による「結果」であると述べたが，フェルマーの原理（光が直進する理由もその中に含まれている）について同じことがいえる．フェルマーの原理は「原理」ではなく，干渉という現象の「結果」であることを確認しておこう．

　実は「レンズが光を集める」という現象も同じく，「干渉の結果」と解釈できる．そのことから光（もっと一般的には，波）を使った位置測定について，重要な結論が導かれる．次の節でそれを説明しよう．

2.5　レンズの分解能—波長とスケール

　「波である光が直進する（ように見える）のは干渉により直進しないような光が消されてしまうからである」ことを述べた．「直進しないような光が干渉により消される」といっても，完全に消えてしまうのではなく，多少は残る．光にも小さいとはいえ有限の波長があるので，ある程度干渉によって消されずに残る部分があるのはしかたがない．日常生活ではそれが目に見えるほどになることはないが，たとえば光の波長程度より小さいものを見ようとするときには，こ

ただ光を受けるだけでは、写真は撮れない
（光源の位置を測定できない）

スクリーン
（感光物質が塗られている）

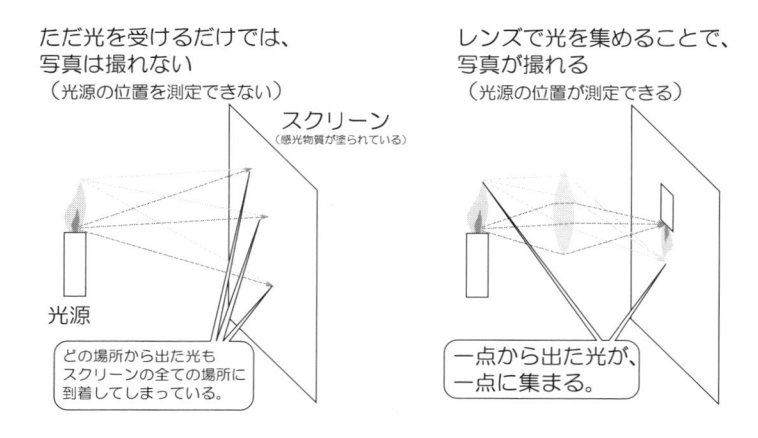

光源

どの場所から出た光もスクリーンの全ての場所に到着してしまっている。

レンズで光を集めることで、写真が撮れる
（光源の位置が測定できる）

一点から出た光が、一点に集まる。

図 2.16　写真が撮影できる原理

の光の広がる性質が邪魔をすることになる．この性質によって物を見る限界である「分解能」が出現する．

さて，そもそも「物を見る」とはどういうことかを確認しておこう．人間の目が物を見る，あるいはカメラやビデオで撮影するということを行うためには，やってきた光を受け，さらにその光がどこから来たかを調べる（分類する）必要がある．人間の目，あるいは写真を撮るときのフィルムには光がやってきたときに化学反応を起こす物質がある．しかしある場所でその化学反応が起こっただけでは「光が来た」とわかるだけでどっちから来たのかはわからない（化学反応はやってきた光の方向と関係なく起こる）．光が来た方向を知るには，なんらかの道具（たとえば以下で説明するレンズ）が必要となる．

点 P から出る光をレンズで集め，スクリーンで見るとする．光を直線的に進んでいく光線のように考えるならば（幾何光学的な考え方），図 2.17 のようにしてスクリーンに来た光の位置から光源の場所がわかる（スクリーンには光が来ると感光する物質が塗ってある）．
→ p33

光を「光線」ではなく「波動」だと考えた場合，点 P から出た波が点 A に到達する理由は上とは違ってくる．

波はいろんな方向に伝播する．点 A では点 P から来たいろんな光の位相がぴたりとそろい，互いに強めあう．これが点 P から出た光が点 A に到着する理由である（これが，波動光学的な考え方）．

2.5 レンズの分解能—波長とスケール   33

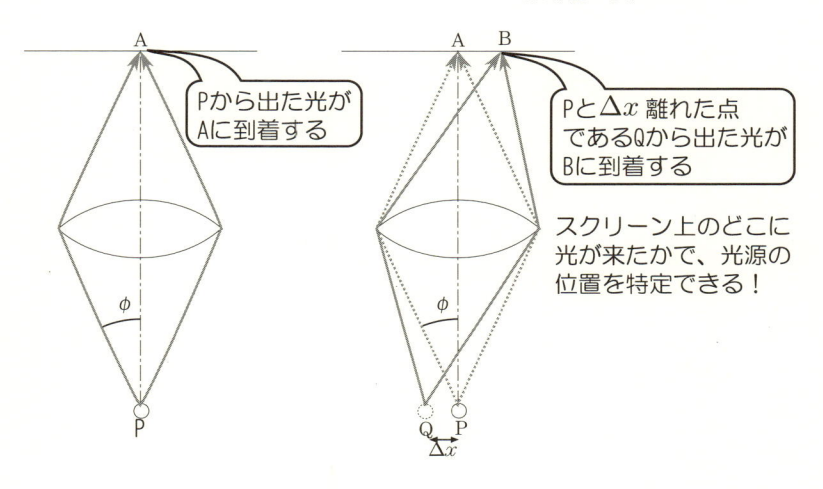

図 2.17 レンズがあると光源の位置がわかる

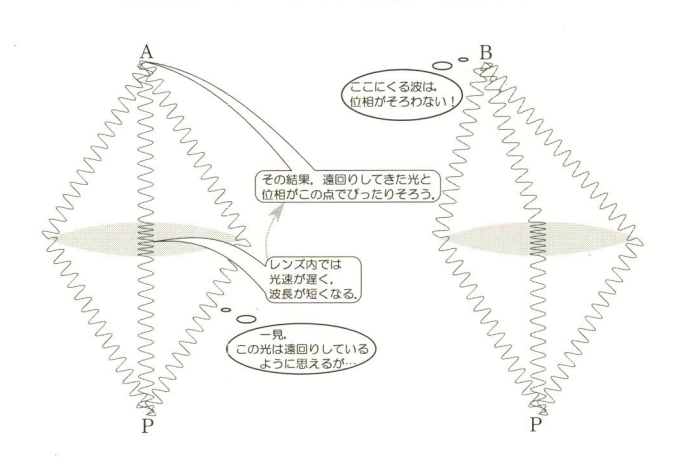

(図中の吹き出し)
- Pから出た光がAに到着する
- PとΔx離れた点であるQから出た光がBに到着する
- スクリーン上のどこに光が来たかで、光源の位置を特定できる！

図 2.18 光の位相が点Pでそろう理由

(図中の吹き出し)
- ここにくる波は，位相がそろわない！
- その結果，遠回りしてきた光と位相がこの点でぴったりそろう．
- レンズ内では光速が遅く，波長が短くなる．
- 一見，この光は遠回りしているように思えるが，

ここで注意すべきことは，点 P より離れた光が点 B に来ない理由は「干渉によって消しあう」ことであるから，消しあいが十分でなかったら，点 B にも来てしまう，ということである．

ここで，図 2.19 を見てほしい．点 P から少し離れた点 Q から出発した光は点 B にのみ到着するはずなのだが，図に書いた二つの光線（一点鎖線で表した方）の光路差が一波長程度までしかなかったなら，点 A に到達することができ
→ p34

34   2 波動光学と幾何光学

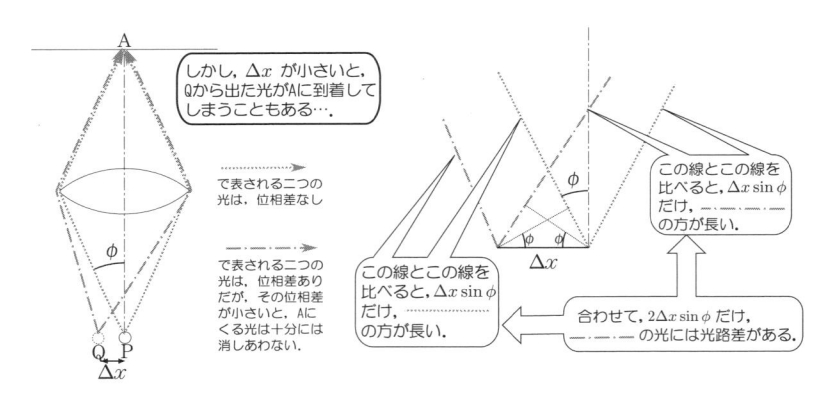

図 2.19 消しあいがうまくいかない可能性

る．この場合も光は干渉によって消しあうが，完全に消えてしまうことはない（図2.3と同様）．このため，点 A に光が到達したとしても，図の Δx 程度はどこから来たのかを判定できなくなる．

図に書いたように近似を使って考えると，一点鎖線で書いた光の光路差は $2\Delta x \sin\phi$ であり，これが波長程度になるのは，$2\Delta x \sin\phi = \lambda$ を解いて，$\Delta x = \lambda/(2\sin\phi)$ となる．Δx を「離れた2点を分離していると認めることができる能力」という意味で，「**分解能**」とよぶわけである．

分解能は光の波長程度の大きさをもつから，光を使って物を見る限り，光の波長より小さいものを見ることはできない．一点から来た光が広がりを見せるので，像がぼやけてしまうのである．分解能を小さくする（小さいものを見る）ためには，波長を小さくするか，$\sin\phi$ を大きくする．

しかし，どんなにがんばっても $\Delta x = \lambda/(2\sin\phi)$ を半波長よりも小さくすることはできない．つまり，光を使って物を見る限り，波長よりも小さいものは見えないと思ってよい．これがウィルスが顕微鏡では発見できなかった理由である[*12]．原子のサイズは光の波長以下なので，「原子の写真」をとることも（光を使っては）不可能である．

以上のように，「波」を使って何かの位置を測定しようとするときには，避けられない測定誤差が存在する．量子力学ではすべての物質が波の性質をもつが，

[*12] 光ではない，もっと波長の短いものを使って物を見るという方法はもちろんある．電子顕微鏡は電子を使って物体の形を知る．

それゆえに物体の位置の測定に避けられない不確定性が伴うことになる．量子力学ではこれが「不確定性関係（または不確定性原理）」として出現する．
→ p87

【よくある質問】針穴を使っても光源の位置を測定できませんか．

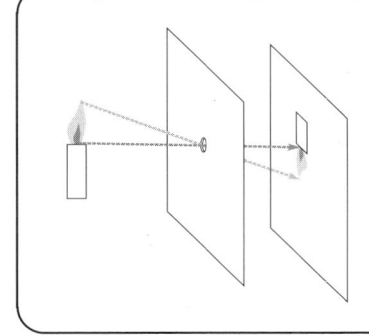

たしかにできるが，その場合，
- 画像が暗くなる．
- 狭い針穴を通り抜けるときに光が回折する分だけ，画像がぼける．

という二つのデメリットが起こることは避けられない．
この二つの理由でますます像はぼやけることになるので，針穴を使っても分解能は上がらない．

さて，この章では，量子力学発見以前に，「光」という物理現象がどうとらえられていたかを概観した．結局のところ，干渉現象を起こすことから「粒子ではなく，波である」という結論にいったんは落ち着いたわけである．これは当時の物理学者たちが「波であるなら粒子ではない」そして「粒子であるなら波ではない」と，二者択一的に考えていたということでもある．

だが，実は現実はこの二つは二者択一ではなかった．20世紀の物理学者たちは，一方を選ぶことができないという状況に追い込まれてしまう．どのようにしてそうなったのか，次の章から見ていこう．

問　題

2.1　ガラスなど，透明な物質の屈折率 n は，可視光の領域では

$$n = A\left(1 + \frac{B}{\lambda^2}\right) \tag{2.26}$$

という近似式で表されることが知られている（A, B は正の定数で，実験によって定められる）．屈折率は真空中の光速度 c と物質中の位相速度 $v_p (= \omega/k)$ との比である $(n = c/v_p)$．この式から群速度を求めよ．この場合，位相速度と群速度はどちらが速いか．

ヒント → p163 へ　　解答 → p171 へ

2.2　フェルマーの定理から反射の法則を導け．具体的には，次ページ図 2.20 で光の到着時間を最小にするのは，入射角と反射角が等しくなるように反射したとき
→ p36

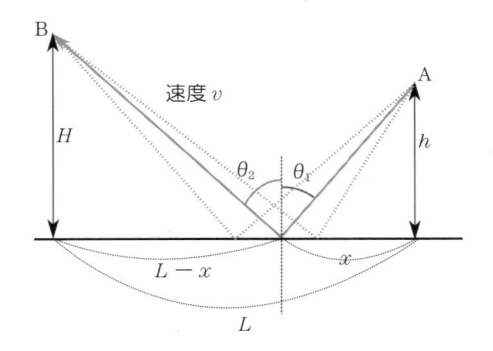

図 2.20

であることを示せ．
なお，計算でなく図形で示すのも簡単である．

ヒント → p163 へ　解答 → p171 へ

3 エネルギー量子の発見——黒体輻射

20世紀初頭の物理学者たちがいかにして「光は粒子でもある」という認識を得るにいたったかを説明するために，この章では，プランクが1900年に発表した黒体輻射の研究と，それがどのような意味をもったかについて述べよう．

3.1 黒体輻射と等分配の法則

19世紀末，プランクが研究していたのは**黒体輻射**もしくは**空洞輻射**とよばれる現象である．「黒体」とは，光をまったく反射しない物体のことである[*1]．空洞もまた，一つの（理想的な）黒体である[*2]．

空洞輻射の研究はもともと溶鉱炉の中の鉄が，どの温度ではどんな色に見えるかという疑問から始まった[*3]．実際どうなるかというと，低温では赤く光るのだが，温度が上がるにしたがって橙，黄，白と白っぽくなっていく．そしてさらに温度があがると今度は青白くなる．これは実は恒星の色と温度の関係とほぼ同じである[*4]．図3.1のグラフがこの輻射のスペクトルである．可視光は振動数が $3.9 \times 10^{14} \mathrm{Hz}$ から $7.9 \times 10^{14} \mathrm{Hz}$ である．5000Kのグラフを見ると，可視光の範囲では，グラフはおおむね右下がりになっている．これは振動数の

[*1] 通常の物質はどのような波長の光を反射し，どのような波長の光を吸収するかが決まっている．物体の「色」は主に「どんな波長の光が反射されてくるか」で決まる．「黒体」というのは反射光がいっさいないこと．
[*2] ただし，すぐ後で述べるように「黒体輻射」だから黒い，というわけではない．「黒体」の定義は「光を反射しない」である．黒体が自分で出す光に色があっても「黒体」の定義には反しない．
[*3] もちろんここには，産業的側面からの要請である「溶鉱炉の温度を測りたい」という動機がある．
[*4] 遠くの恒星の温度が推定できるようになったのも，このような研究の結果なのである．

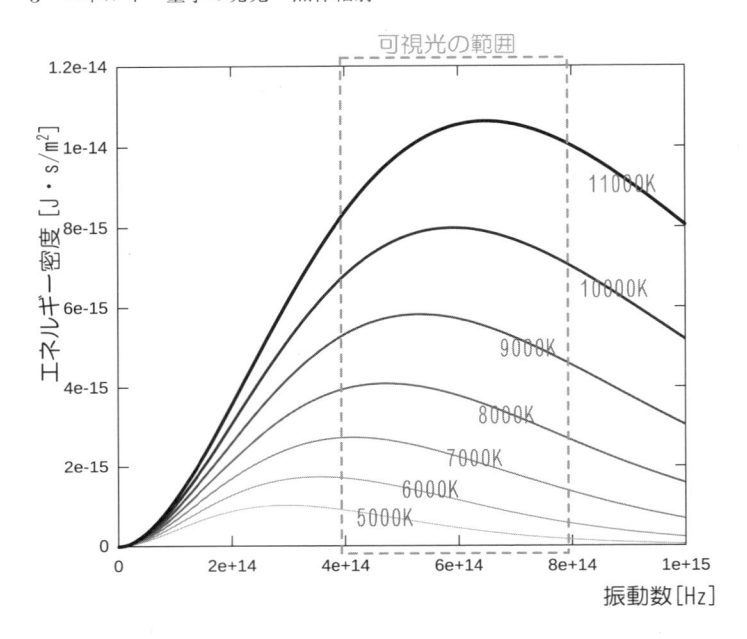

図 3.1　黒体輻射のグラフ

低い（波長の長い）成分の方が多いことであり，赤っぽい色であることがわかる．温度をあげるにしたがってグラフのピーク部分が振動数の高い（波長の短い）方向へ移動し，色が赤→黄→白→青と変わる（グラフでは，各温度により濃さの違う線で描いた）．これがなぜ問題なのかというと，（以下で説明するように）古典力学を使って計算する限り，赤い色は理論的に導けないのである．

その理由を説明しよう．統計力学（ただし，古典統計力学）には

---- 等分配の法則 ----

「熱平衡状態にある物質には，1自由度あたり $(1/2)k_\mathrm{B}T$ のエネルギーが分配される」

という法則がある．$k_\mathrm{B} \fallingdotseq 1.38065 \times 10^{-23}$ J/K で，ボルツマン定数とよばれる．

「自由度」とは，「変化することができる変数の数」だと思えばよい．数直線という一直線上を動き回っているのであれば「自由度1」である．平面上なら「自由度2」，立体的な動きならば「自由度3」となる（それぞれ，デカルト座標

3.1 黒体輻射と等分配の法則　39

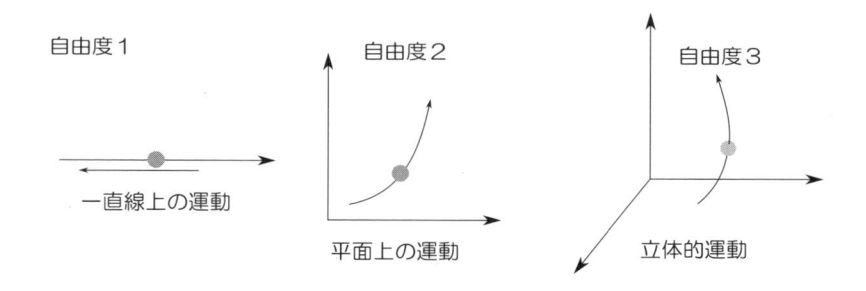

図 3.2　並進運動の自由度

で表現すれば，$(x), (x,y), (x,y,z)$ が変化することができる変数の組である．

たとえば単原子分子の理想気体では分子1個あたりのもつエネルギーは $(3/2)k_\mathrm{B}T$ となる（動く方向が三つあるので3倍される）．

運動するだけでなく，回転できるものについては回転も自由度の一つの自由度となる．平面上を動く，回転できる物体は，平面上の運動（並進）の2自由度と，回転（平面では回転軸は一つしかない）の1自由度で3自由度となる．空間的な回転は三つの回転軸があるので，自由に回転できるならば自由度は並進3＋回転3で6自由度である．

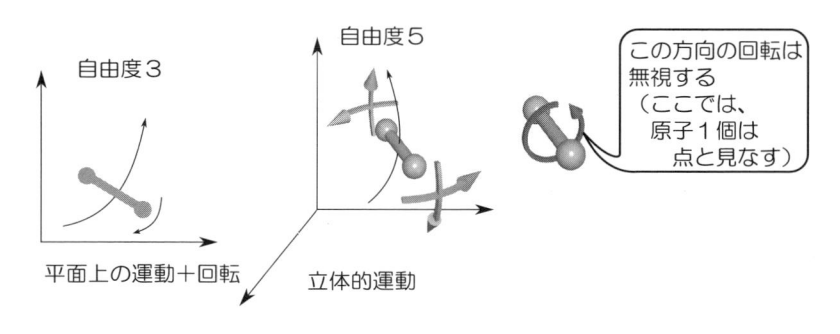

図 3.3　回転を含む自由度

2原子分子であれば，回転の自由度は2あり（単原子分子の場合に比べ，2方向に回転できる），合計自由度は5となる．よって1分子あたり $(5/2)k_\mathrm{B}T$ のエネルギーをもつ．

固体分子の場合，一定点を中心に振動を行っていると考えることができるが，

その振動の位置エネルギー ($(1/2)kx^2$) に対しても同様に一つの自由度あたり $(1/2)k_BT$ のエネルギーが分配されるので，全自由度は3ではあるが分配されるエネルギーは $(1/2)k_BT$ の6倍となり，1分子あたり $3k_BT$ のエネルギーをもつ．

もちろん $(1/2)k_BT$ などの値は平均値もしくは期待値である．実際の原子はいろんなエネルギーをもっているが，その分布の平均がこの大きさになる．

実際に分子がこのようなエネルギーをもっていることは，比熱の測定から確認できる．上で述べたことから，二原子分子の気体の温度を1度上げると，1分子あたり $(5/2)k_B$ だけエネルギーが上昇する．ということは，温度1度上昇させるには $(5/2)k_B \times$ (分子数) のエネルギーが必要である．固体の場合は，温度を1度上昇させるには $3k_B \times$ (分子数) のエネルギーが必要である[*5]．

---【よくある質問】二原子分子の軸のまわりの回転を，なぜ無視する？---

いまの段階では「原子には大きさはないから，軸まわりに回転してもエネルギーはかせがない」と考えておけばよい．実は原子だってまったく構造がないわけではないので回転エネルギーをもったってよさそうなものである．しかし，そういうエネルギーの割り当ては小さくなる．小さくなる理由は，この後説明する話とほぼ同様である（この章の最後の補足を参照）．
→ p51

原子はさまざまな形態のエネルギーをもっている．そのさまざまな形態のエネルギー，たとえば回転のエネルギーにも並進のエネルギーにも振動の位置エネルギーにも，等しく $(1/2)k_BT$ ずつのエネルギーが分配されているのだから，この法則が普遍的なものであろうと考えるのは理にかなっているように思われる．

まだ統計力学は勉強してないという人のために，なぜこんな法則が成立するのか，雰囲気だけでもつかむためのたとえ話をしよう．

6個のリンゴを3人で分ける分け方を考える．3人に2個ずつ，と平等に分ける分け方は何種類だろうか．まず最初の1人に2個渡す方法が $_6C_2 = 15$ 通り．次に残った2個をもう1人に渡す方法が $_4C_2 = 6$ 通り．最後の1人には残ったものを渡すしかないから，1通りだけ．結局「平等に分ける」場合の数は90通りとなる．

[*5] これをデューロン–プティの法則という．この法則は実測とよく一致するが，低温ではうまくいかない（比熱が予想よりも小さくなってしまう）ことが知られていた．これもまた，量子力学のおかげである．

3.1 黒体輻射と等分配の法則　41

では，特定の1人に6個与えて，他の2人には与えない場合はというと，これは1通りしかない．3人のうちだれでもよいから1人に6個与えて他には与えないという場合でも3通りであり，平等に分けるよりもずっと場合の数が少ない．いろいろな分け方について場合の数がいくらになるか，ざっと計算したのが次の表である（A君，B君，C君の入れ換えで実現できるものは省いた）．

表 3.1

A君	B君	C君	場合の数
6	0	0	1
5	1	0	6
4	2	0	15
4	1	1	30
3	3	0	20
3	2	1	60
2	2	2	90

より平等に分ければ分けるほど，場合の数が大きくなるのがわかるだろう．

たとえば気体を箱につめてしばらくほうっておいたとすると，互いに気体分子が衝突しあってエネルギーのやりとりを行うだろう．エネルギーをリンゴに，気体分子をA君，B君，C君に見立てる．気体分子が激しくエネルギーのやりとりを行っているという状態は，A君，B君，C君がリンゴを投げあっているような状態である．そのとき，状態は刻一刻と変化を続けているだろう．しかし，その変化がでたらめに起こるとしたら，やはり数の多い（90通りもある）「平等に分ける」状態が一番多く実現するに違いない．これがすなわち等分配の法則である．いまリンゴ6個で3人，という少ない数で話をしたが，実際の気体ではどちらもアボガドロ数程度のものであって，ますます「平等な分け方」の割合が大きくなる．

等分配法則とはひらたくいえば「自然はえこひいきしない」という法則なのだが，その根拠が道徳的なものでも何でもなく，「物事がランダムに起こるならば，えこひいきされた状態は数が少ないがゆえに確率が小さい」という，（あきれるほどに！）単純な理屈であるところが統計力学のおもしろいところである．統計力学の基本は「**場合の数が多い方が勝つ**」なのである．これに「平等にエネルギーを配った方が場合の数は多くなる」という事実を加えると，「すべての自由度に平等にエネルギーが分配される（なぜならば，その場合の数が一番多い

のだから）」という「等分配の法則」が出てくるのである．等分配の法則の厳密な導出過程などについては統計力学の授業・教科書等で勉強してほしい．ここではとりあえずの雰囲気を理解し，かつ，多くの場合でこの法則が成立していることが実験事実であることを覚えておこう．たとえば一つの空気中の酸素と窒素は，分子1個の質量は違うにもかかわらず，だいたい同じ平均エネルギーを与えられていることが実験的に確かめられている（具体的な数値による根拠は，演習問題**3.1**を見よ）．
→ p51

以上の話からもわかるが，等分配の法則が成立するためには，各自由度が平等になるように，エネルギーのやりとりがスムーズに行われる必要がある．黒体輻射の場合，その前提が（量子力学のおかげで）崩れることになる．どう崩れるのかを理解するために，等分配の法則を使って黒体輻射を考えるとどのような結果が出るのか，まず説明しよう[*6].

3.2 箱に閉じ込められた電磁波

等分配の法則が，溶鉱炉の中にある光（電磁波）の場合にも適用できるとしよう．溶鉱炉の壁が温度 T をもっているとすると，壁を作っている分子も1個あたり $(3/2)k_\mathrm{B}T$ の運動エネルギーをもって分子運動している．さらに振動しているということは復元力が働くのだから，その力に関連した位置エネルギーも $(3/2)k_\mathrm{B}T$ 程度もっているだろう．そして，そのエネルギーを壁に囲まれた部分にある電磁波とやりとりする．激しいやりとりの末に，（電磁波の自由度も含めて）各自由度ごとに $(1/2)k_\mathrm{B}T$ ずつのエネルギーをもった状態になると平衡に達するであろう（と考えるのが等分配の法則）．その状態では電磁波の振動の1自由度ごとに $k_\mathrm{B}T$ のエネルギーが分配されることになる（固体の振動と同様，1自由度に対して運動エネルギー＋位置エネルギーを考えるため，$(1/2)k_\mathrm{B}T$ の2倍になっている）．そのような考え方をすると，溶鉱炉内部はどんな色になるだろうか．

この考察のためには，溶鉱炉内の電磁波がどれだけの「自由度」をもっているのかをまず考えねばならない．とりあえず話を簡単にするため，溶鉱炉の中

[*6] なお，歴史的順番はここで説明している順番とは少し違う．プランクが輻射公式を出した1900年には，まだ次で説明するレイリー–ジーンズの式は完全に導かれてはいなかった．

3.2 箱に閉じ込められた電磁波

はからっぽ[*7]とし，壁で電磁波が固定端反射していると考える．電磁波は電場と磁場というベクトル場[*8]からなるが，しばらくはスカラー場として考えよう．

まず1次元の空洞の中の電磁波を考えることから始めよう．両端を固定された振動であるから，ギターや琴の弦の振動と同じように考えることができる．その振動の様子を描いたのが表3.2である．

端から端までの長さを L と考えると，$n = 1, 2, 3, \cdots$ と腹の数が増えていくにしたがって，波長は $2L, L, (2L/3), (L/2), \cdots$ と短くなっていく．

表 3.2

名前	腹の数	波長	波数	振動の様子
基準振動	$n=1$	$2L$	$\dfrac{\pi}{L}$	
二倍振動	$n=2$	L	$\dfrac{2\pi}{L}$	
三倍振動	$n=3$	$\dfrac{2L}{3}$	$\dfrac{3\pi}{L}$	
四倍振動	$n=4$	$\dfrac{L}{2}$	$\dfrac{4\pi}{L}$	

上の波を式で表せば $\sin(\pi x/L), \sin(2\pi x/L), \sin(3\pi x/L), \cdots$ のように書ける．

波数で分類すると都合がよいのは，上の例であれば波数 k は $k = (n\pi/L)$ という形になって，n に比例して増えていくからである．
→ p19

なお，実際に振動が起こるときは，図に書いたようなきれいな振動が起こるとは限らない．むしろこれらがまざり合ったような振動が起こる．これはギターの弦を鳴らしたときに「倍音」が出るのと同じことである．倍音が出なければギターの音も琴の音も，発振器で機械的に作ったような味気ないものになってしまう[*9]．

[*7] 空洞輻射という名前がつけられているのはそういう意味がある．
[*8] 空間の各点各点に向きをもったベクトルが存在しているとき，そのベクトルの集まりを「ベクトル場」とよぶ．
[*9] ギターと琴の「音色」の違いは，倍音の混ざり具合の違いである．だから同じ「ド」でもギターと琴では違う音に聞こえる．

以上は 1 次元での考察であった．実際には 3 次元の箱の中の振動を考えなくてはいけないが，3 次元の振動は図に書きにくいので，2 次元の振動を図示しながら考えていこう．2 次元の場合，空間座標を x, y の二つとすると，この二つのそれぞれの方向について n_x 個，n_y 個の腹ができているような波を考えることができる．図で表すならば図 3.4 のようになる．

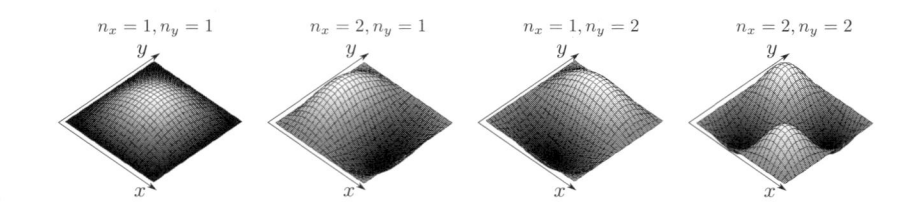

$n_x = 1, n_y = 1$ $n_x = 2, n_y = 1$ $n_x = 1, n_y = 2$ $n_x = 2, n_y = 2$

図 3.4　n_x, n_y が 1,2 のときの振動の様子

式で表すならば，$\sin n_x(\pi x/L) \sin n_y(\pi y/L)$ である．図 3.4 では $(n_x, n_y) = (2, 2)$ までを書いたが，実際には n_x と n_y は任意の自然数[*10]をとることができる．

実現するのはいくつかの波の重ね合わせである．古典力学的に考えれば，波のエネルギーは任意の値をとることができるので，いろんな振幅の波の足算が実現可能である．図 3.5 は $(n_x, y_y) = (3, 5)$ の波と $(n_x, n_y) = (2, 4)$ の波の重なった状態である．
→ p45

黒体輻射の場合，まわりの壁とエネルギーをやりとりすることによって，振動の様子は刻一刻と変わっていく．実際に起こる振動はこれらのうちのどれかというわけではなく，いっせいに起こる．

さて，ここで電磁波をちゃんと電場と磁場という 3 次元の中のベクトル場の波として考えることにする．そうすると境界条件も少々変わってくる．細かい計算は演習問題 **3.3** に回して，ここで大事な事実だけを書くと，
→ p52

- 波数ベクトルは $(n_x\pi/L, n_y\pi/L, n_z\pi/L)$ となる．
- 振動数は $\nu = \dfrac{c\sqrt{(n_x)^2 + (n_y)^2 + (n_z)^2}}{2L}$ である．

[*10] 負の数を除くのは，$\sin(-\theta) = -\sin\theta$ なので，正の数の場合と独立でないから．0 を除くのは，$\sin 0 = 0$ で意味がないから．

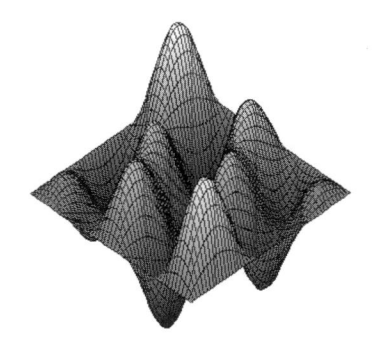

図 **3.5**　重ね合わされた振動

- 一つの波数ベクトルに対し，独立な電磁波の振動は二つずつある．

ということになる．

最後の事実から，電磁場の自由度は (n_x, n_y, n_z) の数の 2 倍になる．この「2」という数は光が二つの偏り（偏光）をもつことに対応する．あるいは，電場 $\boldsymbol{E}$ は 3 成分あるが，$\mathrm{div}\boldsymbol{E}=0$ のおかげで 1 成分減る，と考えてもよい[*11]．

空洞内に存在できる電磁波は，(n_x, n_y, n_z) のとりうる数 ×2 だけの自由度がある，ということになる．すなわち，無限大である．そして，この「自由度」一つずつに $k_{\mathrm{B}} T$ のエネルギーが与えられることになる．もし，どんなに短い波長の電磁波でも（つまり「どんなに大きな波数の電磁波でも」）存在できるとすれば，空洞のもっているエネルギーは無限大になってしまう[*12]．実際にはグラフにあるように，ピークを過ぎると短い波長（高い振動数）の電磁波は少なくなっていくので，エネルギーが無限大という状況は避けられている．では，いったい何が高い振動数の光へのエネルギー分配を妨げているのであろうか．

それを考えるために，もう少し，振動数ごとにどれだけのエネルギーをもつべきかの計算を続けよう．

[*11] $\mathrm{rot}\boldsymbol{E}=-\partial\boldsymbol{B}/\partial t$ の方は電場の自由度を減らさないのか？ーと心配になる人がいるかもしれないが，これは磁場の時間変化を制限している式だと考えよう．そうすると，磁場がどう変化するかが電場で決められてしまうので，磁場の方は独立な自由度と扱うことができないことになる．

[*12] これは，空洞を作って有限温度の物体を接触させると，熱平衡に達するまでの間に空洞が無限の大きさの電磁エネルギーを吸い込むことができるということである．もちろんこんな現象が起こるはずはない．

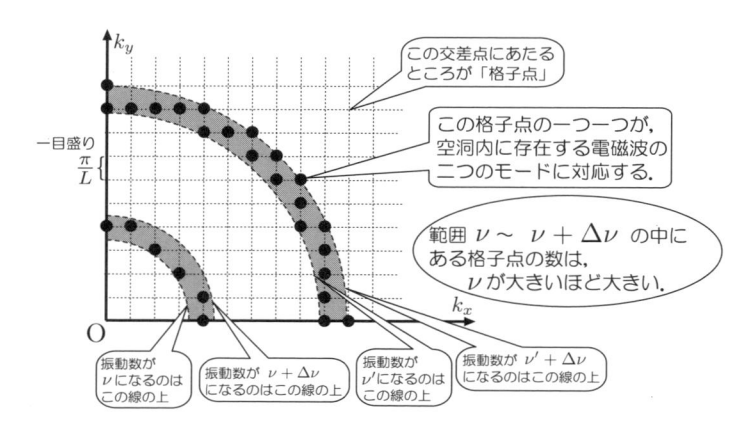

46　3　エネルギー量子の発見—黒体輻射

図 3.6 2次元の格子点

図 3.6 は波数ベクトル (k_x, k_y) の分布を表す図である（本来は k_z も入れて立体的な図にするべきだが，ややこしくなるので省略した）．原点を中心とした一つの球面の上にあるモードは，同じ振動数をもつ．

振動数が ν から $\nu + \Delta\nu$ の間にある格子点の数（電磁波のモードの数）を勘定してみる．波数ベクトルの大きさを振動数で割れば光速 c になることから，$\nu = c\sqrt{(n_x)^2 + (n_y)^2 + (n_z)^2}/2L$ であることはわかるので，逆に考えると振動数 ν ならば，n_x の最大値は $2L\nu/c$ に近い自然数となる．(n_x, n_y, n_z) の空間で考えると，この空間内の体積1の立方体一つごとに格子点は1個あるので，体積を計算すれば格子点の数を概算できる．振動数が ν から $\nu + \Delta\nu$ の間にある格子点の数は，半径 $2L(\nu+\Delta\nu)/c$ の8分の1球と，半径 $2L\nu/c$ の8分の1球の体積の差をとって，

$$\frac{1}{8} \times \frac{4\pi}{3}\left[\frac{2L(\nu+\Delta\nu)}{c}\right]^3 - \frac{1}{8} \times \frac{4\pi}{3}\left(\frac{2L\nu}{c}\right)^3$$
$$= \frac{1}{8} \times \frac{4\pi}{3}\left(\frac{2L}{c}\right)^3 \left[(\nu+\Delta\nu)^3 - \nu^3\right]$$
$$= \frac{1}{8} \times \frac{4\pi}{3}\left(\frac{2L}{c}\right)^3 \left[3\nu^2\Delta\nu + \underbrace{3\nu(\Delta\nu)^2 + (\Delta\nu)^3}_{\text{無視}}\right] = \frac{4\pi L^3}{c^3}\nu^2 \Delta\nu$$

(3.1)

となる．これから，モードの数 $\times k_\mathrm{B} T$ がエネルギーになるとする（つまり等分配の法則が成立するとする）と，単位体積あたり，単位振動数あたりのエネルギー密度は（偏光による 2 倍を掛けるのを忘れずに）

$$E(\nu) = \frac{8\pi k_\mathrm{B} T}{c^3} \nu^2 \tag{3.2}$$

で表される（単位体積あたりだから L^3 で割り，単位振動数あたりだから $\Delta\nu$ で割った）．この式はレイリー–ジーンズの公式とよばれる[*13]．

　こう考えていくと，高い振動数の波は，（それだけ格子点の数が多くなるから）よりたくさんの自由度をもっており，むしろ高い振動数の方がエネルギーは大きくなりそうに思われる．ところが実際の分布ではグラフには山があり，振動数の大きい光はエネルギーが減ってしまう．5000 K ぐらいでは赤っぽい色になるが，それは可視光内で波長の短い青の部分がグラフの山より右にあたり，赤の光の方が大きなエネルギーをもっているからである．レイリー–ジーンズの考え方ではつねに高い振動数の光の方がエネルギーが大きくなるから，決して溶鉱炉は赤くならない．

　以上のように等分配の法則は成立していない．しかし一方で，波長の長い部分（振動数の小さい部分）つまりグラフの左側部分に関しては等分配の法則は非常によく成立している．したがって等分配の法則が完全に間違いだともいいきれない[*14]．

3.3　等分配の法則の破れの原因——光のエネルギーの不連続性

　では，等分配の法則が高い振動数の領域で崩れてしまう理由は何だろうか？——プランクはこの問題を解くために，（何度も間違いながら）長々と考えた末に，以下のような説明を考えた．

　いま考えているのは熱的平衡状態なので，「電磁波 ↔ 壁」のエネルギーのやりとりがある．このとき電磁波が吸ったり吐いたりするエネルギーはどんな値

[*13] 実は歴史的にいうと，後で出てくるプランクの式の方がレイリー–ジーンズの公式よりも
→ p50
先に出されている．しかもレイリー–ジーンズの式とよばれる式自体を導出したのは，アインシュタインの方が先である．その論文こそが，光量子仮説の論文なのである．

[*14] ジーンズ本人は「高い振動数の光にエネルギーが分配されるまでには長い時間がかかる」と考えて等分配の法則を守ろうとした．

をとってもよいのではなく，$h\nu$（νは振動数）の定数倍に限るとする．すると振動数が大きい光は，やりとりするエネルギーの塊の単位が大きいことになる．等分配の法則はエネルギーを$k_\mathrm{B}T$ずつ分配しようとするが，$k_\mathrm{B}T < h\nu$となっていると，エネルギーが分配されにくい．その分高い振動数の光に与えられるエネルギーが少なくなってしまう．高い振動数の光は「大きな塊（$h\nu$）のエネルギーをよこせ」と要求するが，そのエネルギーが等分配の法則によって分配されるエネルギー（$k_\mathrm{B}T$）より大きいので，それだけの分け前にあずかることができないのである．これに対して低い振動数の光はエネルギーの単位$h\nu$が小さいので，この単位で$k_\mathrm{B}T \div h\nu$個分のエネルギーを受け取ることができる．

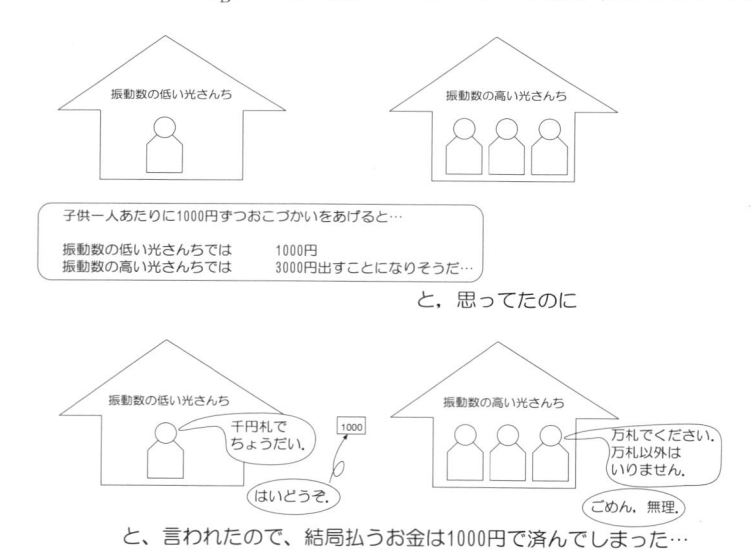

図 **3.7** 黒体輻射のたとえ話

たとえていえば，高い振動数成分の光は「千円あげよう」といわれたのに「万札でよこせ」といっているようなものである．これでは1円ももらえない．低い振動数の光は喜んで千円札を受け取る．ゆえに，低い振動数では等分配の法則が成立する．結局，「強欲すぎるとかえって分け前は小さい[*15]」ことである[*16]．

[*15] 統計力学と道徳は関係ないのだが，なぜかこういう話をすると道徳的なお話になる．
[*16] 念のため再確認しておくが，実際の光の振動モード1個1個がちょうど$k_\mathrm{B}T$のエネルギーをもっているというのではなく，これより多いものもこれより少ないものもいるのだが，

3.3 等分配の法則の破れの原因——光のエネルギーの不連続性

よく誤解されているので，ここで一つ注意しておく．プランクは1900年の時点では「光のエネルギーが $h\nu$ の整数倍」と考えてはいない．「光が他の物体とエネルギーをやりとりするとき，$h\nu$ を単位として行う」とだけ考えていたのである．後に1905年のアインシュタインの**光量子仮説**によって，明確に光のエネルギーは $h\nu$ の整数倍だと考えられるようになる．とはいっても，他の物理学者たちがこのことを認めるには長い時間がかかっていて，プランクですら最初アインシュタインの光量子仮説を正当とは考えず，「真空のことはマクスウェル方程式で記述できるはずだ」といっている．

【補足】————————————————————この部分は最初に読むときは飛ばしてもよい．

実際にやりとりされる光のエネルギーが $h\nu$ の整数倍であるという条件のもとにスペクトルを計算するには統計力学の知識が必要となる．ここで統計力学の公式を使ってプランクの黒体輻射の公式を導いておこう．本書の読者はまだ統計力学を知らない，という人が大半だと思うが，できれば統計力学を勉強した後でまたここを読み返してほしい．統計力学は量子力学と並ぶ現代物理の柱といってよい重要な学問だが，この二つの柱がたがいに補い合いながら発展したことを実感してもらいたいと思う．

統計力学のカノニカル分布[*17]では，系のエネルギーが E である状態は確率 Ne^{-E/k_BT} で実現すると考える．ここで N は規格化定数で，全確率を計算したら1になるように決められる．上で計算したように単位振動数あたり，単位体積あたりのモードの数は $(8\pi/c^3)\nu^2$ であった．その各自由度が，Ne^{-E/k_BT} の確率で E のエネルギーをもつ．これでエネルギーに「正の実数である」という以外には何の制限もないのなら，

$$\int_V d^3\boldsymbol{x} \int_0^\infty d\nu \int_0^\infty dE \left(\underbrace{\frac{8\pi}{c^3}\nu^2}_{\text{モードの数}} \times \underbrace{E}_{\substack{\text{モード1個の}\\\text{もつエネルギー}}} \times \underbrace{Ne^{-E/k_BT}}_{\substack{\text{それだけのエネルギー}\\\text{をもつ確率}}} \right) \tag{3.3}$$

のようにしてすべての可能な状態と可能なエネルギーで積分することで，空洞内の全エネルギーの期待値を計算できるだろう[*18]．いま考えている「モードの数」というのは「単位振動数あたり，単位体積あたり」であったから，体積積分と振動数の積分が入る．ところがいま，エネルギーは $E=nh\nu$ のようにとびとびの値しかとらないので，

平均をとるとこうなるのである．だから $h\nu > k_BT$ であっても，分け前0になるわけではない．

[*17] 等温の熱浴にひたされている系で確率を計算するときに使われる方法．熱浴にひたされているのでエネルギーは一定ではないが，エネルギーが高い状態の存在確率は低くなる．それが式 e^{-E/k_BT} に現れている．

[*18] この式に現れた $d^3\boldsymbol{x}$ は，$dx\,dy\,dz$ と書くべきところを省略形で記したものである．見かけと違ってベクトル量ではなく，「x 成分と y 成分と z 成分の積」であることに注意．このとき積分を3回するのだから積分記号も $\iiint$ とすべきなのだろうが，省略して $\int$ 1回ですませることが多いようである．また，積分記号の下についている V は「体積 V の積分」を表現する．

$$\int_V d^3\boldsymbol{x} \int_0^\infty d\nu \sum_{n=0}^\infty h\nu \left(\frac{8\pi}{c^3} \nu^2 \times nh\nu \times Ne^{-nh\nu/k_BT} \right) \tag{3.4}$$

のように,積分ではなく級数となる.上の式から n に関連する部分だけ抜き出すと,$\alpha = h\nu/k_BT$ として $\sum_{n=0}^\infty ne^{-n\alpha}$ である.等比級数の和の公式 $\sum_{n=0}^\infty e^{-n\alpha} = 1/(1-e^{-\alpha})$ を α で微分するとできる,

$$\sum_{n=0}^\infty ne^{-n\alpha} = \frac{e^{-\alpha}}{(1-e^{-\alpha})^2} \tag{3.5}$$

という公式を使うと,単位体積あたり単位振動数あたりのエネルギーは

$$\frac{8\pi}{c^3} h\nu^3 N \times \frac{\exp(-h\nu/k_BT)}{[1-\exp(-h\nu/k_BT)]^2} \tag{3.6}$$

となる.あと計算すべきは規格化定数 N だが,全確率が 1 であることから,

$$\sum_{n=0}^\infty Ne^{-n\alpha} = N\frac{1}{1-e^{-\alpha}} = 1 \tag{3.7}$$

であるので,$N = 1 - e^{-h\nu/k_BT}$ となり,最終結果はこの次の式となる.

【補足終わり】

以上の補足に書いた計算(元気な人はフォローしてみること)により,単位体積あたり,単位振動数あたりのエネルギー密度が

$$\frac{8\pi h\nu^3}{c^3} \frac{1}{\exp(h\nu/k_BT) - 1} \tag{3.8}$$

になる.分母の $e^{h\nu/k_BT}$ のおかげで,ν が大きくなると分母が急激に大きくなり,エネルギー密度が下がる式になっていることがわかる.これが「高い振動数の光が欲張りなために分配が減る」という効果の現れである[*19].

光がやりとりするエネルギーが $h\nu$ の整数倍であるという仮定は非常に奇妙で,この時点ではなぜこうなるのかよくわからなかったわけだが,この式は実験で得られた値とぴったり一致した.

[*19] 補足部分を見るとわかるように,$1/(e^{h\nu/k_BT} - 1)$ という因子が現れる理由は等比級数の和をとったからである.すなわち,光のエネルギーが離散的であることが利いているのである.

【補足】
　　　　　　　　　　　　　　　　　　　　　　　　この部分は最初に読むときは飛ばしてもよい．

　空洞輻射と同じように，エネルギーの分配が等分配則を満たさない例としては，低温での比熱の問題がある．たとえば上で述べた「分子1個あたりのエネルギーは，2原子分子であれば $(5/2)k_\mathrm{B}T$，固体であれば $3k_\mathrm{B}T$」という議論は，温度が低くなるとくずれてしまう．低温では，分子の回転運動のエネルギーの平均が $(1/2)k_\mathrm{B}T$ よりも小さくなってしまっているようなのである．

　2原子分子の場合，軸まわりの回転にはエネルギーが分配されなかったが，それも同じようにエネルギーの等分配が破れているせいである．軸まわりの回転の慣性モーメントは非常に小さい．そのために大きい回転数になることが理由である．回転数が大きいことはエネルギーの単位（いまの場合でいえば $h\nu$ にあたる）が大きくなることに対応するのである（演習問題**6.3** の解答を参照）．
　　　　　　　　　　　　　　　　　　　　→ p179

　これは光だけではなく，物質にも「エネルギーの単位」があることの証拠である．回
　　　　　　　→ p86
転運動の方がエネルギーの単位が大きいために，低温では等分配の法則が崩れて，回転運動にエネルギーが分配されにくくなる．このように，電磁波（プランクの式）と分子運動（低温比熱）という別の現象で同じような現象が起こることから，「量子化」が普遍的な現象であることがわかってくる．

　これが後のボーアによる量子条件へと結びつく．
　　　　　　　　　　　　　　　→ p69
　　　　　　　　　　　　　　　　　　　　　　　　　　　　【補足終わり】

問　題

3.1 以下の表の上段は「1グラムあたりの定積比熱（J/gK）」，下段は「分子量（g/mol）」である．各物質の1分子あたりの定積比熱を計算し，$(3/2)k_\mathrm{B}$ および $(5/2)k_\mathrm{B}$ と比較し考察せよ．
　　　　　　　　　　　　　　　　　　　　　　　ヒント → p164 へ　　解答 → p172 へ

表 3.3

水素	窒素	アルゴン	ヘリウム	水蒸気	ベンゼン
10.23	0.740	0.313	3.152	1.542	1.250
2	28	40	4	18	78

3.2 酸素分子1個の運動エネルギーが $(3/2)k_\mathrm{B}T$ であるとして，酸素分子がだいたいどれぐらいの速度で走り回っているかを計算せよ．結果を音速（340 m/s），および地球からの脱出速度（11.2 km/s）と比較して，その物理的意味を述べよ．
　　　　　　　　　　　　　　　　　　　　　　　ヒント → p164 へ　　解答 → p172 へ

3.3 一辺 L の立方体の空洞内の電場は，

$$E_x(\boldsymbol{x},t) = E_{x0} \cos \frac{n_x \pi x}{L} \sin \frac{n_y \pi y}{L} \sin \frac{n_z \pi z}{L} \sin(\omega t + \alpha) \tag{3.9}$$

$$E_y(\boldsymbol{x},t) = E_{y0} \sin \frac{n_x \pi x}{L} \cos \frac{n_y \pi y}{L} \sin \frac{n_z \pi z}{L} \sin(\omega t + \alpha) \tag{3.10}$$

$$E_z(\boldsymbol{x},t) = E_{z0} \sin \frac{n_x \pi x}{L} \sin \frac{n_y \pi y}{L} \cos \frac{n_z \pi z}{L} \sin(\omega t + \alpha) \tag{3.11}$$

のような関数で表される（cos, sin の並び方に注意）．このときの磁場は，

$$B_x(\boldsymbol{x}, t) = B_{x0} \sin \frac{n_x \pi x}{L} \cos \frac{n_y \pi y}{L} \cos \frac{n_z \pi z}{L} \cos(\omega t + \alpha) \tag{3.12}$$

$$B_y(\boldsymbol{x}, t) = B_{y0} \cos \frac{n_x \pi x}{L} \sin \frac{n_y \pi y}{L} \cos \frac{n_z \pi z}{L} \cos(\omega t + \alpha) \tag{3.13}$$

$$B_z(\boldsymbol{x}, t) = B_{z0} \cos \frac{n_x \pi x}{L} \cos \frac{n_y \pi y}{L} \sin \frac{n_z \pi z}{L} \cos(\omega t + \alpha) \tag{3.14}$$

である．ただし，$E_{x0}, E_{y0}, E_{z0}, B_{x0}, B_{y0}, B_{z0}$ はすべて，時間と場所によらない定数である．この電場と磁場が，真空中で電荷も電流もないところでマクスウェル方程式

$$\mathrm{div}\boldsymbol{E} = 0, \quad \mathrm{div}\boldsymbol{B} = 0, \quad \mathrm{rot}\boldsymbol{E} = -\frac{\partial \boldsymbol{B}}{\partial t}, \ \mathrm{rot}\boldsymbol{B} = \frac{1}{c^2}\frac{\partial \boldsymbol{E}}{\partial t} \tag{3.15}$$

をすべて満たすためには，$E_{0x}, E_{0y}, E_{0z}, B_{0x}, B_{0y}, B_{0z}$ の間にどのような条件が成立しなくてはいけないか．これから，(n_x, n_y, n_z) を固定したとき，電磁場は二つの自由度しかないことを示せ．

また，このとき振動数が $\nu = \omega/2\pi = c\sqrt{(n_x)^2 + (n_y)^2 + (n_z)^2}/2L$ であることを示せ．

ヒント → p164 へ　解答 → p172 へ

3.4 プランクの出した式 $8\pi h\nu^3/c^3[\exp(h\nu/k_\mathrm{B}T) - 1]$ を，ν が小さいとして，あるいは h が小さいとして近似[20]すると，レイリー–ジーンズの式 $(8\pi k_\mathrm{B}T\nu^2/c^3)$ に等しくなることを確かめよ[21]．

ヒント → p164 へ　解答 → p174 へ

3.5 前問でも使ったプランクの式を振動数 0 から無限大まで積分すると，黒体輻射のもつ単位体積あたりのエネルギーが計算できる．その答は T^4 に比例することを示せ（この関係をステファン–ボルツマンの法則とよぶ）．ただし，以下の公式を使え．

$$\int_0^\infty \mathrm{d}x\, \frac{x^3}{e^x - 1} = \frac{\pi^4}{15} \tag{3.16}$$

ヒント → p164 へ　解答 → p174 へ

---

[20] ν が小さいという条件は，振動数が低いところでは二つの式が同じ結果を出すことを示している．一方，h が小さいという条件は，量子力学的な効果が小さい，つまり古典力学的計算をしていることに対応する．

[21] たまにこういう問題を見て「ν は小さいから，小さいものの 3 乗である ν^3 は無視できる．よって分子はゼロ」とかやってしまうあわてものがいる．物理ではたしかによく「小さいから無視できる」とやるが，無視できるのは「（大きいもの）＋（小さいもの）」のように大きいものと足算されている小さいものである．100 万円もっている人は 100 円を無視してもよいが，100 円しかもっていない人は 100 円を無視できない．

4 光の粒子性の確認——光電効果とコンプトン効果

　プランクの空洞輻射の式が発見されたからといって，即座に「光は粒子だ」という認識に至ったわけではない[*1]．光の粒子性が確認されるまでには，他にいくつもの実験，そして理論的研究が必要だったのである．この章では「光が粒子である」という認識が確立されるに至るまでを述べる．

4.1　光電効果

　黒体輻射は光のエネルギーが離散的であることを間接的に示しているが，より直接的に光の粒子性を証明する実験が光電効果である．**光電効果**はヘルツによって1887年に発見された．ヘルツは光が放電現象を引き起こすことを見つ

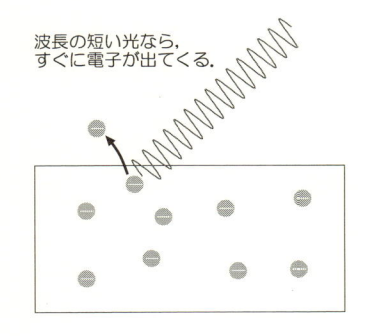

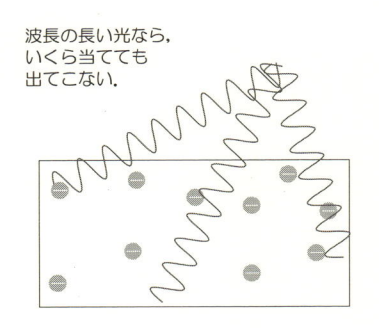

図 4.1　光電効果

[*1] アインシュタインが光量子仮説を唱えた1905年の時点では，プランク本人を含めてほとんどの物理学者は光自体は連続的なものだという考えを変えていない．この時点ではプランクは光エネルギーそのものではなく，壁とのエネルギーのやりとりが不連続になると考えていた．自然に対する認識を変化させるには時間がかかるものである．

けたのだが，1899年にはトムソンにより，金属に光を当てることによって金属中から電子が飛び出したことが確認された．金属中には「自由電子」がたくさんいるのだから，飛び出してくること自体は別に不思議なことではない．不思議なことには，1902年にレナルトが発見した，「**飛び出してくる電子のエネルギーは光の強さとは無関係である**」という事実である．また，ある一定の振動数より低い振動数の光ではこの効果が起きないこともわかっていたが，これも古典的電磁波として光を考えると不思議なことである．

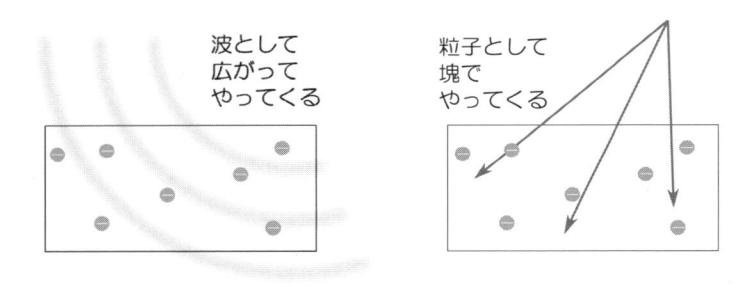

図 4.2　波動論的考え方と粒子論的考え方

　光電効果を「光の電磁場によって，金属内の自由電子がゆらされ，その結果，外に飛び出す」と考えると，振動数が低くても振幅（光の「振幅」とは電場または磁場の強さで表される）が大きければ飛び出してもよいと思われるし，逆に振動数が高くても振幅が小さければ飛び出さないだろうと考えたくなる．また，大きな振幅（強い電磁場）でたたき出された電子はより大きい運動エネルギーをもって（速い速度で）出てくるだろうと予想したくなる．しかし現実はそうではなく，飛び出すか飛び出さないかは振動数だけで決まるし，出てきた電子のエネルギーは振幅に依存しない．

　光電効果という現象において大事なことは，光を波と考えた場合と粒子と考えた場合で，そのエネルギーが金属に与えられるときに連続的に与えられるのか，不連続な塊で与えられるのかという大きな違いがある，ということである．
　具体的な計算は演習問題**4.3**を解いてもらいたいが，光のエネルギーが金属
→ p65
全部に広がった波の形でやってくるとすると，ある程度の時間がたった後でなければ電子は飛び出さないことが計算してみるとわかる．しかし実験は，ただちに電子が飛び出すという結果を見せている．光を波だと（連続的に広がった

状態で金属にやってくるものだと）考えるならば，金属の中に，（どんなものなのか想像もつかないが）「広がってやってきた光のエネルギーをかき集めて電子1個に与えるメカニズム」があることになる．もちろんそんなものはないと考えられる．光電効果は，光が「光子」というエネルギーの塊として降ってきていることを示しているのである．

アインシュタインは光が「光量子」(light quantum) という粒でできているとする「光量子仮説」[*2]を唱えた（1905年）が，その証拠の一つとして光電効果がこれで説明できる，と述べている．アインシュタインは「プランクが考えた光のエネルギーの単位 $h\nu$ は光量子1個分のエネルギーである．電子は1個の光量子に衝突されてそのエネルギーを吸収し，外に出てくるのだ」と考えたのである．こうするとたしかに，光が強いことは光量子が多いことであるから，電子1個のエネルギーは変化せず，出てくる電子の数が増えることになる．アインシュタインは電子が金属外に出るときに W（その最小値を仕事関数とよぶ）だけエネルギーを消費すると考えると，金属から出てきたときに電子のもっているエネルギーは

$$E = h\nu - W \tag{4.1}$$

で表されると結論した．もし，$h\nu < W$ であれば電子は外に出てくることができない[*3]．しかしこの時点では飛び出してきた電子のエネルギーを正確に測ることはできていなかった．1916年にミリカンがこの式を実験的に確認し，光量子仮説の正しさを実証することになる[*4]．

光電効果（後であげるコンプトン効果も）の意義は，光が実際に粒子的形態をとっている（ことがある）ことに一つの示唆を与えたことにある．プランクが「光のエネルギーは $h\nu$ の整数倍で変化する」といった時点では，まだそこまでの主張はされていない．実際，1905年に出たアインシュタインの論文に関しては，多くの批判がされている（光量子など使わなくても古典的に説明できるのではないかと四苦八苦しているのである）．当時の物理学者にとっては「光

[*2] 光の粒子は最初の頃は「光量子 (light quantum)」とよばれたが，現在ではもっと短く，「光子 (photon)」とよばれている．

[*3] その場合，電子は加速するものの金属内にとどまる．最終的にはそのエネルギーは熱になるだろう．

[*4] そのミリカンですら「光量子仮説は筋が通らないように思える」という言葉を残している！——「光は粒子だ」と認めることがどれほど難しかったのがわかるエピソードである．

のエネルギーが不連続に変化する」という主張以上に「光は粒子である」という主張は衝撃的であったことがわかる.

4.2 光子の運動量

光が粒子であると考えると，プランクが考えたような空洞の中では，光子が飛び回っていると解釈できる．分子でできた気体がそうであるように，光子にも圧力がある．光に圧力があることは電磁気学から理論的に導くことができるし，実験的にも確認されている．

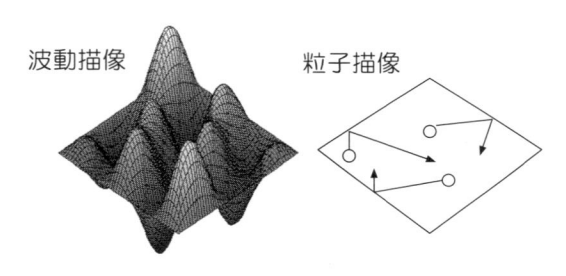

図 4.3 箱に入れられた電磁場の二つの見方

気体に圧力があるのは分子が運動量をもつからである．したがって光子にも運動量があることになる．運動量は(質量)×(速度)のはず，と考えてしまうと「なんで光に運動量があるの？」と不思議だろう．しかし，そもそもの運動量の定義は運動方程式 $d\bm{p}/dt = \bm{F}$ であると考えたらどうだろう．こう考えれば，「力あるところには運動量の増減あり」ということになる．「光が力を出すの？」と不思議に思う人もいるかもしれないが，光は電磁波，すなわち電場と磁場の波である．電場や磁場がクーロン力やローレンツ力という力を生み出すことを考えれば，光が力を出すことも当然である．2物体が力を及ぼし合うとき，必ず一方の運動量は増加し，もう一方の運動量は減少する（だからこそ運動量は保存する）．力を及ぼすのが物体でなく電磁場（光）だったとしても同様の関係が成立してほしい．そのためには「電磁場の運動量」を考える必要がある．

光の運動量を知るためには，電磁波の運動量密度が $\bm{D} \times \bm{B}$ である[*5]ことを

[*5] この $\bm{D} \times \bm{B}$ とエネルギー密度 $(\varepsilon_0/2)|\bm{E}|^2 + (1/2\mu_0)|\bm{B}|^2$ との比は c になることがわかる.

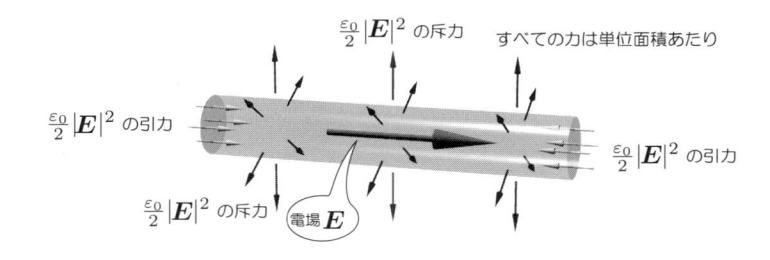

図 4.4 電場が存在する空間に発生する力

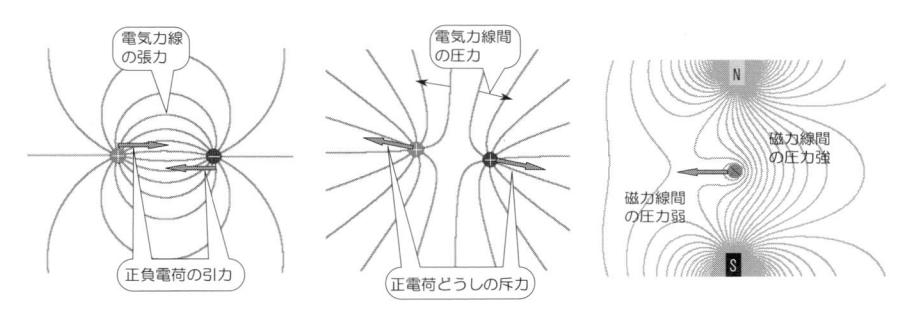

図 4.5 電磁力とマクスウェル応力

使う方法もあるが，ここで光すなわち電磁波のもっている力を考えよう．一般に，真空中に電場 $\boldsymbol{E}$ があるとき，単位体積あたりにエネルギー $(1/2)\varepsilon_0|\boldsymbol{E}|^2$ が分布している．

このときこの電場がある空間には，図 4.4 に示したような力が存在している[*6]．これは磁場についても式が $(1/2\mu_0)|\boldsymbol{B}|^2$ に変わるほかは同様である．

これをマクスウェルの応力とよぶ．この言葉にはなじみが薄い人が多いかもしれないが，実は電磁力の正体はすべてこの力であると解釈できる．

たとえば正電荷と負電荷の間に引力が働くのは，電気力線の引っ張り力のおかげである．逆に正電荷どうしの間に斥力が働くのは，隣り合う電気力線の反発による．磁場中の電流が力を受けるのは，電流の作る磁場によって導線の左右で磁力線の密度に差が生まれるからである（図 4.5 のいちばん右の図の場合，

[*6] 同じ式 $(\varepsilon_0/2)|\boldsymbol{E}|^2$ が 3 回現れるが，単位体積あたりのエネルギー，単位面積あたりの引力，単位面積あたりの斥力，と物理的内容は違う．

58   4 光の粒子性の確認——光電効果とコンプトン効果

三つの独立な方向のうち，

二つは斥力
（単位面積あたり $\frac{\varepsilon_0}{2}|\boldsymbol{E}|^2$）

一つは引力
（単位面積あたり $\frac{\varepsilon_0}{2}|\boldsymbol{E}|^2$）

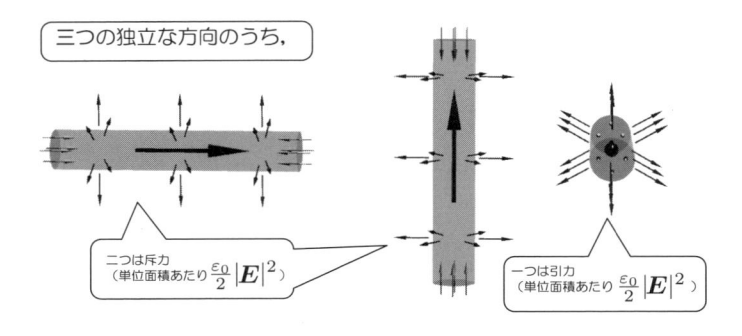

図 4.6　電場と斥力と引力（平均をとると？）

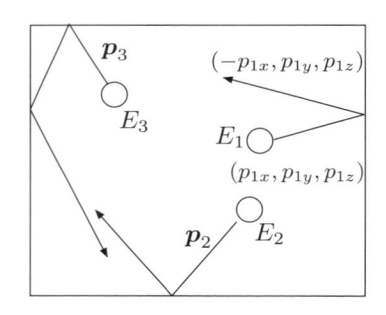

図 4.7　光子の壁への衝突

導線の右側の磁束密度が大きくなるために左に押される）[*7].

　いま，ある方向に電場（電気力線）が走っているところを思い浮かべよう．この電気力線が六つの方向 ($\pm x, \pm y, \pm z$) に及ぼす力のうち，2方向は引力，4方向は斥力である．いま電磁波が壁の中であっちへこっちへと飛び回っていると考えると，電気力線もいろんな方向に伸びるだろう．このときにある一つの方向に働く力を考えると，1/3 の確率で引力，2/3 の確率で斥力となる．結局全体の平均をとれば $2/3 - 1/3 = 1/3$ の斥力が残ると考えられる．つまり，圧力はエネルギー密度の 1/3 である．

[*7] この力の性質は「電気力線（磁力線）はなるべく短くなろうとする．また隣り合う2本は互いに離れようとする」とまとめることができる．そうなる理由は結局「エネルギーを下げる方向に力が働く」ことで理解できる．電気力線が短い方が，あるいはより拡散した方がエネルギーが小さくなるのである．

4.2 光子の運動量

この圧力は 1892 年にレベデフによって初めて実験的に確かめられている．光（電磁波）の圧力がエネルギー密度の $1/3$ であることは実験事実である．このことから光子の運動量に関して何がわかるであろうか．

以下では，箱に N 個の光子が入っていて，それぞれ E_i のエネルギーと $\bm{p}_i$ の運動量をもって飛び回っていると考えたとき，箱にはどの程度の力が働くかを計算しよう（$i = 1, 2, \cdots, N$ のように，光子に番号がふってあるものとする）．

$\bm{p}_i$ の運動量をもった光子が x 方向に垂直な壁にぶつかってはね返るとする．そのとき，$\bm{p}_i$ の x 成分 (p_{ix}) の 2 倍の力積を壁に与える．この光子は x 方向に $2L$ 走るごとにこの壁に衝突する．いま考えているのは光なので速さは c であるが，x 方向の速度成分は $c \times p_{ix}/|\bm{p}_i|$ となる．なぜなら，速度ベクトル (v_x, v_y, v_z) と運動量ベクトル (p_x, p_y, p_z) は平行であると考えられるからである．よって，$v_x : c = p_x : |\bm{p}|$ が成立するだろう．

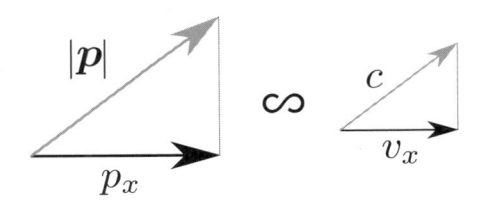

図 4.8　光の運動量の向き

ゆえに，光子は単位時間の間に

$$c \times \frac{p_{ix}}{|\bm{p}_i|} \div 2L = c \times \frac{p_{ix}}{2L|\bm{p}_i|} \tag{4.2}$$

回だけ壁に衝突することになり，単位時間に与える力積（つまり力）は，これに 1 回の力積 $2p_{ix}$ を掛けて $c \times (p_{ix})^2/(L|\bm{p}_i|)$ となる．N 個の光子の出すこの力の和を計算したい．ここでまず，運動量の大きさ $|\bm{p}_i|$ が等しい光子の集団を考え，その集団に関する和をとることにしよう（このように運動量の大きさを制限しても，なお充分たくさんの光子がいるものとする）．この範囲で和をとると，力は，

$$\sum_{|\bm{p}_i|=P} c \times \frac{(p_{ix})^2}{L|\bm{p}_i|} = \frac{c}{PL} \sum_{|\bm{p}_i|=P} (p_{ix})^2 \tag{4.3}$$

となる．ただし，$\sum_{|\boldsymbol{p}_i|=P}$ は「運動量の大きさが P であるような光子を選んで和をとりなさい」という意味である．この範囲で和をとっているので，$1/P$ が和記号の外に出せる．

$$|\boldsymbol{p}|^2 = (p_x)^2 + (p_y)^2 + (p_z)^2 \tag{4.4}$$

であるが，等方性[*8]から，充分たくさんの光子で和をとれば

$$\sum_{|\boldsymbol{p}_i|=P} (p_{x,i})^2 = \sum_{|\boldsymbol{p}_i|=P} (p_{y,i})^2 = \sum_{|\boldsymbol{p}_i|=P} (p_{z,i})^2 \tag{4.5}$$

と考えてよいだろうから，

$$\sum_{|\boldsymbol{p}_i|=P} (p_{ix})^2 = \frac{1}{3} \sum_{|\boldsymbol{p}_i|=P} |\boldsymbol{p}_i|^2 \tag{4.6}$$

となる．ところがいまは $|\boldsymbol{p}_i| = P$ になる範囲で和をとっているのだから，これは単に $P^2/3$ にそのような光子の数を掛けたものになる．式(4.3)で計算した力 (→ p59) は $(c/PL) \sum_{|\boldsymbol{p}_i|=P} (p_{ix})^2$ であったから，これはつまり

$$\frac{c}{PL} \times \frac{P^2}{3} \times (\text{運動量の大きさが } P \text{ である光子の個数})$$
$$= \frac{c}{3L} \times \underbrace{P \times (\text{運動量の大きさが } P \text{ である光子の個数})}_{\text{考えている光子の運動量の大きさの和}} \tag{4.7}$$

である．

運動量の大きさ P はいろんな値をとれるが，どの値でもこの式が成立するので，N 個全体が壁に及ぼす力は $(c/3L) \sum_i |\boldsymbol{p}_i|$ となる．圧力はこれを L^2 で割ったものであり，その圧力がエネルギー密度の $1/3$ すなわち，$(1/3L^3) \sum_i E_i$ に等しいのだから，

$$\frac{c}{3L^3} \sum_i |\boldsymbol{p}_i| = \frac{1}{3L^3} \sum_i E_i \tag{4.8}$$

[*8] x, y, z のそれぞれの方向はまったく同等で，特別な方向はない，ということ．つまり，「x 方向にはびゅんびゅん走っているが，y 方向にはゆっくり動いている」などという不平等なことは起こらないとする．

である．これから，$c|\bm{p}_i| = E_i$ ではないかと推測することができる[*9]．以上から，光子 1 個のもつ運動量は $h\nu/c = h/\lambda$ と考えてよい[*10]だろう．このことが実験的に確認できれば，光子の存在は確かなものとなる．

なお，波長はベクトルではないので運動量と比例しないことは前に書いた．実際，運動量に比例しているのは $1/\lambda$ であることがここでわかったが，波数 $k = 2\pi/\lambda$ を使えば，

$$\frac{h}{\lambda} = \frac{h}{2\pi}\frac{2\pi}{\lambda} = \frac{h}{2\pi}k \tag{4.9}$$

と書いて，「運動量は波数に比例する」ということができる．この $h/2\pi$ という数字は今後もよく出てくるので，h に横棒をひっぱった $\hbar$ という記号（読み方は「エイチバー」である．「ディラックの h」とよぶこともある）で表現し，「光子の運動量は $\hbar k$ である」といういい方をすることもよくある．

$\hbar$ の大きさは SI 単位系では，$1.054571628 \times 10^{-34}[\text{J·s}]$ となる．

4.3 コンプトン効果

光の粒子性，とくにその運動量が h/λ であることをもっと直接的に示す実験がある．この実験では電子に X 線を照射し，はね返ってきた X 線の波長を測定する．すると，X 線の波長は少し長くなっている．この現象自体はコンプト

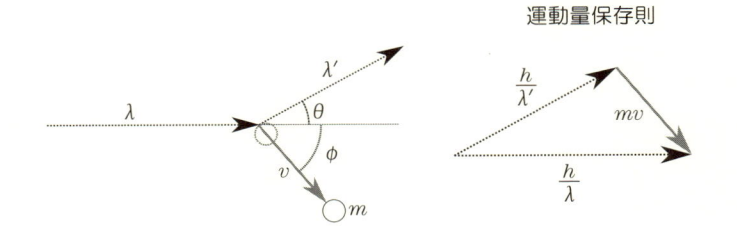

図 4.9 コンプトン効果

[*9] $\sum_i$ で和をとったものが等しいことと，1 個 1 個の光子について等しいことは別なので，ここはまだ「推測」である．

[*10] $\lambda = c/\nu$ という式がピンと来ない人は「c は 1 秒間に進む距離，ν は 1 秒間に出る波の数．じゃあ 1 個の波の長さは？」と考えるとよい．

ンの 1923 年の実験以前に知られていた．

コンプトンは入射 X 線の波長 λ とはね返ってくる X 線の波長 λ'，そして X 線が散乱される角度 θ の間に，

$$\lambda' - \lambda = 2.4 \times 10^{-12} \times (1 - \cos\theta)[\text{m}] \tag{4.10}$$

という関係があることを実験で示した（この現象を**コンプトン効果**という）．このような関係式が出てくる理由を「光が粒子であり，一粒のエネルギーが $h\nu$，運動量 h/λ であるからだ」と考えることができる．このことを以下で示そう．

静止していた電子（質量 m）に振動数 ν の光（実験では X 線）が当たり，これが振動数 ν' で，元の方向と角度 θ だけ違う角度に散乱されたとしよう．電子はこのとき，この光と同一平面内で，最初の光の進行方向に対し角度 ϕ，速さ v（光速度 c に比べ小さいとする）で飛び出すとする[*11]．

運動量保存則をベクトル図で表すと図 4.9 の右の図のようになる．h/λ という運動量をもった光が電子に運動量 mv を与えて自身の運動量が h/λ' に変化している．このベクトル図で表される関係がつねに成立することは，光が h/λ という運動量をもった一つの塊として電子にぶつかっていると考えなくては説明がつかない．エネルギー $h\nu$ をもった光が電子に運動エネルギー $(1/2)mv^2$ を与え，自身のエネルギーが $h\nu'$ に減ったと考えれば，エネルギー保存則は

$$h\nu = h\nu' + \frac{1}{2}mv^2 \tag{4.11}$$

である．一方，運動量保存則を示す三角形の図に対して余弦定理を使うと，

$$(mv)^2 = \left(\frac{h}{\lambda}\right)^2 + \left(\frac{h}{\lambda'}\right)^2 - 2\frac{h}{\lambda}\cdot\frac{h}{\lambda'}\cos\theta \tag{4.12}$$

という式が出る．式 (4.11) と式 (4.12) という二つの式から v を消去する[*12]．式 (4.11) から $v^2 = (h\nu - h\nu') \times (2/m)$ として式 (4.12) に代入し，

[*11] 実際のコンプトンの実験では，「静止していた電子」を用意するわけではなく，金属の薄膜に X 線を当てて，いろんな角度に散乱された X 線の波長を調べた．電子は衝突前から多少は運動していることになるが，そのエネルギーは X 線が運んでいるエネルギーに比べ小さい．X 線は原子核にも当たることになるが，原子核をはじき飛ばすだけのエネルギーはもってない．そのため，原子核に散乱された X 線の波長はほとんど変化せず，電子によって飛ばされたものかどうかは明確に区別できる．

[*12] なぜ v を消去するかというと，コンプトンの実験においては電子の速度は測定していないので，v の入った式は実験と比較できなかったのである．もちろん，後の実験では電子の速度もちゃんと測定され，上の計算との一致も確認されている．

4.3 コンプトン効果　63

$$2m(h\nu - h\nu') = \left(\frac{h}{\lambda}\right)^2 + \left(\frac{h}{\lambda'}\right)^2 - 2\frac{h}{\lambda}\cdot\frac{h}{\lambda'}\cos\theta$$

(振動数は (光速度) ÷ (波長) を使って)

$$2m\left(\frac{hc}{\lambda} - \frac{hc}{\lambda'}\right) = \left(\frac{h}{\lambda}\right)^2 + \left(\frac{h}{\lambda'}\right)^2 - 2\frac{h}{\lambda}\cdot\frac{h}{\lambda'}\cos\theta$$

(h^2 で割って $\lambda\lambda'$ を掛けて)

$$\frac{2mc}{h}(\lambda' - \lambda) = \frac{\lambda'}{\lambda} + \frac{\lambda}{\lambda'} - 2\cos\theta \tag{4.13}$$

となる．2行目では $\nu = c/\lambda, \nu' = c/\lambda'$ を使った．ここで，実際にコンプトン効果で起こる波長の変化は小さいので，$\lambda' = \lambda + \Delta\lambda$ とすると，$\lambda'/\lambda = 1 + \Delta\lambda/\lambda$ であり，かつ，$\Delta\lambda$ の1次までで近似すれば，

$$\frac{\lambda}{\lambda'} = \frac{1}{\left[1 + \left(\frac{\Delta\lambda}{\lambda}\right)\right]} = 1 - \left(\frac{\Delta\lambda}{\lambda}\right) + \left(\frac{\Delta\lambda}{\lambda}\right)^2 - \cdots$$

と展開できる．ゆえに $(\Delta\lambda/\lambda)^2$ 以上のオーダーを無視すれば

$$\underbrace{1 + \frac{\Delta\lambda}{\lambda}}_{\frac{\lambda'}{\lambda}} + \underbrace{1 - \frac{\Delta\lambda}{\lambda} + \left(\frac{\Delta\lambda}{\lambda}\right)^2 - \cdots}_{\frac{\lambda}{\lambda'}} = 2 + \left(\frac{\Delta\lambda}{\lambda}\right)^2 - \cdots \fallingdotseq 2 \tag{4.14}$$

となる．式 (4.13) の右辺は $2 - 2\cos\theta$ と近似できることになる．まとめると，

$$\frac{2mc}{h}(\lambda' - \lambda) \fallingdotseq 2 - 2\cos\theta, \qquad \lambda' - \lambda \fallingdotseq \frac{h}{mc}(1 - \cos\theta) \tag{4.15}$$

という，コンプトンによる実験式(4.10)と数値的に一致する式が出る[*13]．

コンプトン効果は光子と電子の衝突（→ p62）という物理現象として矛盾なく記述される．古典的に考えれば（運動量が h/λ という塊であることが古典的には出てこないので）この結果は説明できない[*14]．以上のようないろいろなことから，光の粒子性は疑いのないものになったといえる[*15]．

[*13] なお，ここで出てきた h/mc という量を「質量 m の粒子のコンプトン波長」とよぶ．これは質量 m の粒子が波として存在するときに必然的にもつ広がりの大きさである．
　　（→ p92）
[*14] なお，波長が変化すること自体はドップラー効果でも説明可能である（演習問題**4.1** 参照）．しかしその変化量が式(4.10)を満たすことを説明するには，「光子一粒の運動量/エネル
　　（→ p65）
ギー」を考えるのが自然である．
　　（→ p62）
[*15] 「光電効果やコンプトン効果は光の粒子性を使わなくても，相手である電子の方を量子

4.4 粒子性と波動性の二重性

この章では，光を粒子と考えなくては都合の悪いことを並べ立ててきた．しかし一方，光を波と考えなくては都合の悪いこともたくさんある（前に述べたヤングの実験などの干渉現象が代表的なもの）．このような性質を「光は粒子性と波動性をもつ」あるいは「粒子と波動の二重性をもつ」という．言うのはやさしいが，この二重性の意味するところは何なのか．

アインシュタインは光子がたくさん存在して光子と光子が相互作用することで干渉縞が発生するというモデルを考えて波動性と粒子性を両立させることを考えたが，1909年にテイラーが非常に弱い光[*16]でヤングの実験を行って，光子が一度に1個しか来ないような状態でも干渉縞が出現することを実験で示した（演習問題4.7参照）ので，この考え方は成立しない．

当時の物理学者ボルンは「月・水・金は光を波動であると考え，火・木・土は光を粒子と考える」などとふざけているが，量子力学が完全に確立されるまでの間は「あるときは粒子と考え，あるときは波動と考える」というよくいえば臨機応変，悪くいえばその場しのぎの方法がとられてきた．問題はどんな「あるとき」に波動性が現れ，どんな「あるとき」には粒子性が現れるかである．それがわからないとちゃんとした物理にならない．

この問題に対する一つの答が「量子力学の確率解釈[*17]」とよばれるものである．

しかし，その解決の前に，もっと学ぶべきことがある．この章では「波動だと思っていた光には粒子性がある」ことを学んだが，この逆，すなわち「粒子だと思っていた物質（電子など）にも波動性がある」ことを知らねばならない．これが次章のテーマである（というより，本書のテーマはそもそもは物質の波動性であり，光に関する話はそのためのイントロである）．

ここまで，1900年のプランクの発見から1923年のコンプトン効果の実験まで，「光の粒子性」の発見について述べてきた．実は「光の粒子性」の発見と

力学的に扱えば説明できる」という議論がある．それは正しいが，だからといってそれは「光は粒子ではない」と主張しているのではない．現在は光が粒子である証拠はもっとほかにたくさんあるからである．

[*16] この実験では，写真乾板に像が得られるまで2か月かかったという．
[*17] 確率解釈以外にも「多世界解釈」などのいろいろな解釈があるが，主流となっているのは確率解釈である．

「物質の波動性」の発見は同時に進行したので，次の章ではボーアが原子模型を発表した1913年まで，いったん時代を戻すことにする．

問題

4.1 光を波動と見れば，コンプトン効果による振動数変化をドップラー効果と考えることができる．4.3節(→ p61)で扱った現象を，「静止している電子に振動数 ν の光が当たり，電子はそのエネルギーを吸収したのち，速さ v で動きながら振動数 ν の光を出した」という現象だと解釈して，この光を外部から観測した場合の振動数 ν' を求める式を作れ．　　ヒント → p164 へ　　解答 → p174 へ

4.2 図4.9の三角形（つまり運動量保存則）(→ p61)とエネルギー保存則の中に，古典的なドップラー効果の式が含まれていることを示せ．つまり，運動量保存則とエネルギー保存則から演習問題 **4.1** の答を導け（v^2 は c^2 に比べて小さいとする近似を使え）．　　ヒント → p165 へ　　解答 → p174 へ

4.3 光が波のように連続的であると仮定して 100W の電球から 5m の位置にある金属の原子が電子を飛び出させるだけのエネルギーをため込むのにどれだけの時間がかかるかを計算せよ．ただし，100W の電球は文字通り，1s 間に 100J のエネルギーをすべて光の形で放出するとし，そのエネルギーは等方的に広がるとせよ．金属の原子の半径を 10^{-10}m として受けとるエネルギーがどれくらいになるかを考えればよい．なお，電子は 5×10^{-19}J 程度のエネルギーをもらって飛び出すとせよ．　　ヒント → p165 へ　　解答 → p175 へ

4.4 この章でやったのとは別の計算で光の圧力がエネルギー密度の 1/3 であることを計算してみよう．

いま一辺 L の立方体の箱の中に光子が入れられているとする．このうち 1 個の光子に着目し，波だと考えたときの x, y, z 方向の波数を $n_x\pi/L, n_y\pi/L, n_z\pi/L$ とする．箱の x 方向の長さをゆっくりと $L+\Delta L$（ΔL は微小）まで伸ばす．このとき，中に入っている波の n_x, n_y, n_z が変化しなかったとする（箱が延びるにしたがって波長も延びたことになる）．このとき光子のエネルギーの減少を計算し，その減少分は光子が箱の壁を押す仕事に等しいと考えることで，光子が壁に及ぼしていた力を求めよ．光子がたくさんいろいろな方向に動き回っていたと考えて平均をとり，圧力がエネルギー密度の 1/3 であることを示せ．
　　ヒント → p165 へ　　解答 → p175 へ

4.5 通常の物質であれば $p=mv$, $E=(1/2)mv^2$ である．気体を箱に詰めた場合，圧力とエネルギー密度の関係はどうなるか？ 光子の場合とどこが変わってくるかを注意しつつ計算してみよ．　　ヒント → p165 へ　　解答 → p176 へ

4.6 小球と小球の衝突の場合で運動エネルギーと運動量の保存則を式にしてみよう．

静止した質量 m の小球にもう一つの小球（質量は同じく m とする）がぶつかったとすると，右の図のようになる．この場合についてエネルギー保存則を式で表せ．運動量保存則を数式とベクトル図の両方を使って表せ．衝突後の二つの小球の運動方向が垂直であることをベクトル図を使って説明せよ．

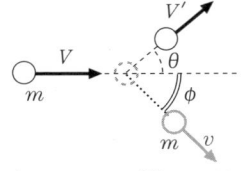

ヒント → p165 へ　　解答 → p176 へ

4.7 4.4 節で述べたテイラーの実験では，1 秒あたり 5×10^{-13} J のエネルギーをもつ可視光が使われた．使われた光の振動数が 5×10^{14} Hz だったとして，光子は1 秒に何個やってくるか．いま来た光子と次に来る光子の間隔は何メートルか．

ヒント → p165 へ　　解答 → p177 へ

5 ボーアの原子模型

　前章までで書いたように，光は粒子性と波動性の両面をもち，相手によって（あるいは状況設定によって）そのどちらかの側面を現す．とくにエネルギーの不連続性は，光を波動としてとらえると非常に不思議な現象である．しかし，この不思議な性質は光子だけにあるのではない．エネルギーなどの物理量が連続的値をとると考えると説明できないことが物質の場合にもある．物質の不連続性の現れの一つは，原子の中の電子の状態である．

5.1　原子模型の困難

　ラザフォード（Rutherford）は 1911 年にアルファ線を非常に薄い金板に当てる実験で「原子の中心にはプラス電気をもった核がある」ことを示した．これにより，プラスの電気をもった原子核のまわりをマイナスの電気をもった電子が回る，という古典的な原子像が考えられた．

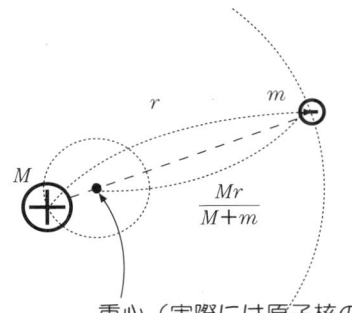

重心（実際には原子核の位置とは一致しないが，
　　ここでは一致すると近似して考える）

図 5.1　古典的な水素原子（ラザフォード模型）

われわれが考える「原子の大きさ」は原子核の大きさではなく,まわりを回っている電子の広がりの大きさである.しかし,このおなじみの原子-模型は,現実の原子を説明できない.なぜなら,古典力学的計算では電子のもっているエネルギーは原子核に近づくほど小さくなる.そして,古典力学的観点からは,電子がどのような半径で回るかは,まったく任意である.原子核の電子の運動方程式は,惑星の円運動(実際には楕円である)の運動方程式とほぼ同じである.そして,古典力学に従うと考えてよい惑星の運動の場合,軌道半径にはなんら制限はないように思われる.

古典力学的な計算を実行してみよう.陽子と電子では陽子の方が約 1800 倍重い[*1]ので,以下では陽子の方は静止しているものと考えて計算していくことにする.電子が角速度 ω,半径 r の円運動をするとして考えよう.加速度は $r\omega^2$ であるから,運動方程式は

$$mr\omega^2 = \frac{ke^2}{r^2} \tag{5.1}$$

となる(k はクーロンの法則の比例定数で $k = 9.0 \times 10^9 \,[\mathrm{Nm^2/C^2}]$,$e$ は素電荷で $e = 1.6 \times 10^{-19} [\mathrm{C}]$).

ここで,運動エネルギーは $(1/2)m(r\omega)^2$,位置エネルギーは $-ke^2/r$ であるから,その和を計算すると,

$$\frac{1}{2}mr^2\omega^2 - \frac{ke^2}{r} = \frac{1}{2}r\underbrace{\frac{ke^2}{r^2}}_{mr\omega^2} - \frac{ke^2}{r} = -\frac{ke^2}{2r} \tag{5.2}$$

となる.

以上のように,原子のもつエネルギーは電子・陽子間の距離(ほぼ,原子の半径と考えよい)だけで決まり,半径が小さいほどエネルギーも低くなる.原子核の半径は,原子の半径に比べ,10^{-5} 倍以下である.なぜ電子はもっと下の,エネルギーの低い方にいかないのだろう?――ましていま電子は加速度運動をしており,加速度運動する荷電粒子は一般に電磁波を放出することによってエネルギーを失うはずである.

「物体はエネルギーの低い方に行きたがる」という原則からすると,電子はこの電磁波を放出しながら,どんどん原子核に近づくはずである.そして,その時間は驚くほど短い(演習問題 **5.1** 参照).
→ p76

[*1] 電子の質量が 9.109382×10^{-31} kg,陽子の質量は $1.6726216 \times 10^{-27}$ kg である.

しかし現実には，どの水素原子を見ても，電子は一定の場所を安定して回っているようである（実際のところ電子が回っているところが見えるわけではないが，少なくとも水素原子には「個性」はなさそうである）．何かが電子に制限を加えているのである．しかし，古典力学的に考えるとけっして電子の軌道に制限が出てこない．

以上のような理由で，古典力学を使う限り，原子の中の電子が一定の距離のところしか回れないなどということは導出できない．このようなおかしな結果になった理由として，

「原子内部のようなミクロな領域では，マクスウェルの電磁理論やニュートン力学が成立しないのではないか？」

という考えが浮かぶ．実際，マクスウェルの電磁気学が成立しなくなることがあることは，プランクのエネルギー量子やアインシュタインによる光量子仮説で示されている．

そこで，プランクが「光のエネルギーの変化は $h\nu$ の整数倍である」としたように，h を含む条件をつけることでこの状況が回避できるのではないかと考えられる．

5.2 ボーアの量子条件

「光のエネルギーが $h\nu$ の整数倍でなくてはならないという条件があるのなら，電子の運動にも何か h に関係する条件があるのではないか？（それが原子の構造を決めるのではないか？）」という考え[*2]から，

ボーアの量子条件

質量 m の電子が半径 r の円軌道を描いて速さ v で回っているとき，

$$mv \times 2\pi r = nh \tag{5.3}$$

が考えられた．n は自然数であり，h はプランク定数である．h がちょうど（運

[*2] 実は電子の運動にプランク定数を使った条件を適用して原子の大きさを出すというアイデアはボーアが初めてだったわけではなく，1910年にハース（Haas）が考えている．ただし彼は電子が原子核のまわりに運動しているというモデルではなく，原子がプラス電気をもった大きな球で，その内側を電子が運動しているという模型（トムソンの模型）で考えていた．

動量)×(座標) という次元をもっていることに注意せよ．歴史的にこのような条件が出てくるまでは，長い話があるのだが，ここではおおざっぱに，「h が式に入ってくるとしたら，(運動量)×(座標) という形になっていれば次元が合う」という程度で理解しておいてほしい[*3]．あとでド・ブロイ（de Broglie）の物質波の話や，シュレーディンガー（Schrödinger）方程式の話などが出てくると，この式の意味も少し物理的にわかってくると思う．

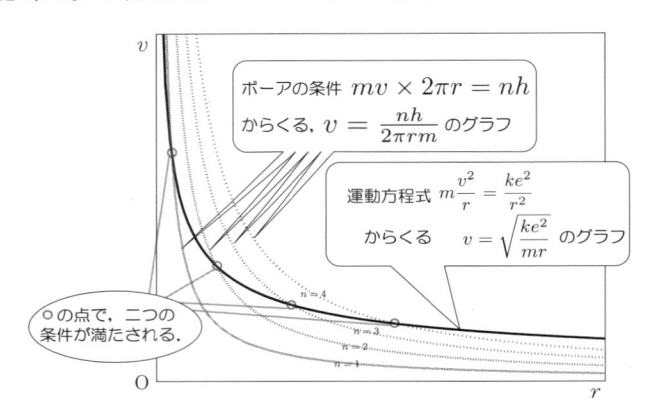

図中:
- ボーアの条件 $mv \times 2\pi r = nh$ からくる，$v = \dfrac{nh}{2\pi rm}$ のグラフ
- 運動方程式 $m\dfrac{v^2}{r} = \dfrac{ke^2}{r^2}$ からくる $v = \sqrt{\dfrac{ke^2}{mr}}$ のグラフ
- ○の点で，二つの条件が満たされる．

図 5.2 運動方程式とボーアの条件が決める，r と v の関係

この条件によって電子のエネルギーは下限をもつことになる．ボーアの条件は r が小さくなると v が反比例して大きくなることを示しているが，運動方程式は r と v^2 が反比例するという制限を与えている（図 5.2 を参照）．両方の条件を満足するには特定の軌道しか回れないことになる．

具体的な計算を実行しよう．運動方程式(5.1)とボーアの量子条件(5.3)から，速度 v を消去してみる．式(5.3)から $v = nh/(2\pi mr)$ として式(5.1)に代入して，

$$\frac{m}{r}\left(\frac{nh}{2\pi mr}\right)^2 = \frac{ke^2}{r^2} \qquad \text{より} \qquad \frac{n^2 h^2}{4\pi^2 mke^2} = r \tag{5.4}$$

[*3] ボーア本人は，プランクと同様に E と $h\nu$ が比例するという考え方から出発している．実際にボーアが使った式は $E = -(1/2)nh\nu$ で，これが $-ke^2/2r$ と等しい．この場合の ν は電子の単位時間あたりの回転数である．電子の古典的運動は惑星の運動と同様のケプラーの法則に従うので，回転半径を r として，$r^{-3} = K\nu^2$ という式が成立する（K は比例定数）．この二つの式からエネルギーが決まる．

一方，電子のもつエネルギーは $-ke^2/2r$ で表されるから，全エネルギーは
$\to$ p68

$$-\frac{2\pi^2 k^2 m e^4}{n^2 h^2} = -\underbrace{\frac{2\pi^2 k^2 m e^4}{h^2}}_{\varepsilon} \times \frac{1}{n^2} = -\underbrace{\frac{2.19\times 10^{-18}}{n^2}}_{\text{J で表して}} = -\underbrace{\frac{13.6}{n^2}}_{\text{eV で表して}} \tag{5.5}$$

となる．

ボーアは，量子条件が満たされているときには電磁波を放出しない形の古典力学での運動方程式が成立していると考えた．ただし，後で述べるようにある軌道から別の軌道へ（つまり量子条件の n が違う状態へ）移るときには，その軌道間のエネルギー差分のエネルギーを電磁波の形で吸収または放出する．
$\to$ p72

【よくある質問】円運動しているのに電磁波を出さない理由は？

電磁波を出すということは「現在よりエネルギーの低い状態に移り，エネルギーの差の分を電磁波のエネルギーにする」ことが必要なのだが，$n=1$ で表される状態（「基底状態」とよぶ）はエネルギー最低の状態だから，「現在よりエネルギーの低い状態」が存在しないことになる．「原子が安定する理由」は，「ボーアの条件によってエネルギーに最低値ができるので，その最低値になったらもうエネルギーをもった電磁波を放出できない」ということである．量子条件がなければ，この世にある原子はみな，原子核のサイズまで縮んでしまうことになる．原子核のサイズに比べて原子のサイズ，すなわち電子と原子核の距離は約1万倍である．どうして電子はそんなに（原子核の立場に立ってみれば）遠くを回っているのか，それには理由が必要なのである．

それでも「なぜ電磁波を出さないのか？」という疑問は残ると思う．だが実はわれわれが思う「運動」（電子がくるくる回っているという現象）という現象の概念すら，量子力学においては変更を受けねばならない．そのことはずっとあとでわかるだろう．
$\to$ p154

5.3 状態の遷移と原子の出す光

いま求めた通り，水素原子内の電子のもつエネルギーは $-\varepsilon/n^2$ で表される（$E_1 = -\varepsilon$ で，$\varepsilon = 13.6\text{eV}$）．したがって $n=1$ に対応する軌道（基底状態）は安定であるが，$n=2,3,4,\cdots$ の状態（励起状態[*4]）はそうではない．電子はすきさえあらばよりエネルギーの低い状態へと飛び移ろうとする．逆に何かからエ

[*4] 「励起（れいき）」とは，「上の状態に上がっている」ということを意味する言葉．

ネルギーをもらうと、より高い軌道へと飛び移る。これを「**遷移**」(transition)とか「量子ジャンプ」などという。途中の軌道は量子条件が許さないので存在できない（これがジャンプとよばれる理由）。たとえば $n = n_2$ から $n = n_1$（当然 $n_2 > n_1$）へと遷移すると、エネルギーが

$$E_{n_2 \to n_1} = \varepsilon \left[\frac{1}{(n_1)^2} - \frac{1}{(n_2)^2} \right] \tag{5.6}$$

だけ余る。ボーアは原子が光を出すときは、このような軌道の遷移が起こり、そのときに余ったエネルギーが光子 1 個になって放出されると考えた。

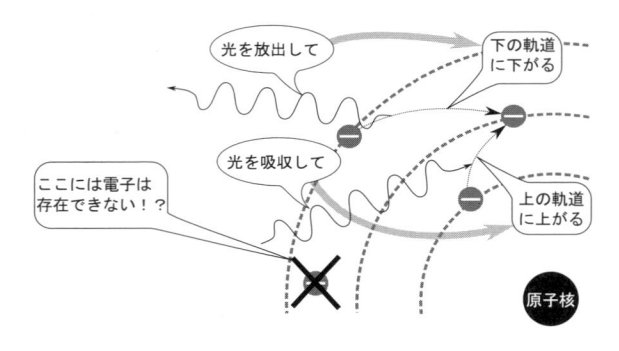

図 **5.3** ボーア模型での電子の状態変化

そのとき出る光の振動数はエネルギー保存則により、

$$h\nu_{n_2 \to n_1} = \varepsilon \left[\frac{1}{(n_1)^2} - \frac{1}{(n_2)^2} \right] \qquad (n_2 > n_1 に注意！) \tag{5.7}$$

を満たす。この式は、それよりも前から求められていた、水素原子から出てくる光の波長に関する式

$$\frac{1}{\lambda} = R \left[\frac{1}{(n_1)^2} - \frac{1}{(n_2)^2} \right] \tag{5.8}$$

と比較された（R はリュードベリ定数）。$\nu = c/\lambda$ を使うとこの二つの式は完璧に一致し、ボーアの原子模型が現実の水素原子を表していることが確実となった。と同時に、この原子模型における「遷移」の存在は、原子の内部では古典力学が役に立たないことを証明している。炎色反応で代表されるように、原子はそれぞれ特有の光を吸収・放出する。それは各原子ごとに電子の回っている

5.3 状態の遷移と原子の出す光   73

軌道と，そのエネルギーの値が違っているからである（水素以外の原子の場合は，電子が2個以上回っているので話がずっと複雑になる）．

【補足】——————————————————————この部分は最初に読むときは飛ばしてもよい．

フランクとヘルツ[*5]は原子内の電子のもつエネルギーがとびとびであることを，以下のような実験（1914年）で証明している．

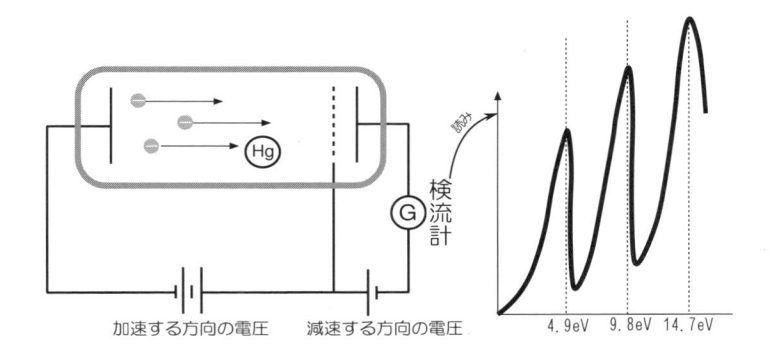

図 5.4 フランク–ヘルツの実験

水銀の蒸気を満たした管の中に電子を発生させ，電圧をかけて管内を走らせる．電子がやってきた先には網と，その後ろに電子を追い返すような逆電圧をかけたプレートが待ち構えている．電圧を高くすれば走ってきた電子は勢いで網を通り抜けてプレートに入り，検流計に電流が流れるのだが，電圧が 4.9 V を超えると，突然電流が減少する．これは管内に放出された電子のエネルギーをもらって，水銀のまわりを回る電子が励起するからである．このとき走ってきた電子はエネルギーを失う．つまり水銀の場合の $E_2 - E_1$ に相当するエネルギーが 4.9 eV ぐらいであり，4.9 eV 以下のエネルギーしかもっていない電子では，水銀原子を励起することはできない．ということは逆に，4.9 eV 以下のエネルギーしかもっていない電子はエネルギーをとられることはないのである．黒体輻射の話のときも，高い振動数の光が大きいエネルギー単位（$h\nu$）を要求するために逆にエネルギーをもらえない（分配されない）という状況があったが，ここでも同様の現象が起こっている．水銀原子は 4.9 eV 以上というエネルギーを要求するため，それより低いエネルギーをもった電子はエネルギーを奪われることはない（貧乏人は泥棒に狙われない！）．電圧が 9.8 V を超えると，今度は 2 個の水銀原子を励起できるので，また電流の減少が起こる（14.7 V でも同様）．この実験によって，原子のまわりの電子がたしかに基底状態，励起状態という状態をもっていることが確認できた．

【補足終わり】

———————————————————————————————————
[*5] このヘルツは電磁波を発見し，光電効果発見のきっかけとなる実験を行ったヘルツの甥．

5.4 ゾンマーフェルトの量子条件と楕円軌道

以上のような現象を見ていくと，たとえば光のエネルギーは $nh\nu$，原子内の電子のエネルギーは $-\varepsilon/n^2$ という形に「量子化」されている．どちらの条件においても，同じプランク定数 h が大事な役割を果たしていることに注意すべきである．光であるとか電子であるとかに限らず，プランク定数 h を通して「物質（光を含む）のとりうる状態」に制限がつけられることになる．

その制限がボーアの量子条件なのだが，より一般的には，ゾンマーフェルトによって

$$\oint p\,dq = nh \tag{5.9}$$

の形に書かれている．p, q はそれぞれ運動量と対応する座標であり[*6]，$\oint$ は周期運動 1 回分の積分である．直交座標を使った表現では，

$$\oint (p_x dx + p_y dy + p_z dz) = nh \tag{5.10}$$

となる．

電子が等速円運動しているなら，運動量の大きさは mv で一定で，1 周すると q（位置座標）が $2\pi r$ 変化する．これから式(5.3)が出る．あるいは，p として角運動量 mvr をとり，対応する座標として角度をとれば，1 周は角度 2π であるので同じ結果になる．ゾンマーフェルトの条件はボーアの条件を含んでいる．実はゾンマーフェルトの量子条件は光や電子や，いろいろな場合で共通して使える一般的な条件であり，量子力学を作っていくうえで大きな手がかりとなる式である．

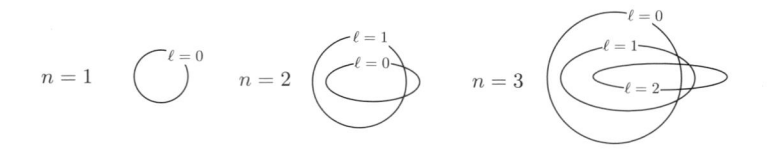

図 **5.5** ゾンマーフェルトの条件で許される楕円軌道

[*6] 厳密にいうと，q が解析力学でいう「一般化座標」で，p は「一般化運動量」である．

5.4 ゾンマーフェルトの量子条件と楕円軌道

　ここまでは電子は円運動していると考えたが，惑星のように楕円運動をしてもよいはずである．楕円運動（に相当するもの）を含めた詳しい計算はより物質の波動性との関連が明らかになってからでないと行えないので，ここでは簡単に結果を述べておく．楕円軌道の場合も量子条件により，どんな形の楕円でもよいというわけにはいかない．許される電子の軌道は主量子数とよばれる n（自然数）と，軌道量子数とよばれる ℓ（0以上の整数で，最大値は $n-1$．楕円の扁平さを表す），および磁気量子数とよばれる m（整数で $-\ell < m < \ell$．軌道の傾きを表す．$\pm\ell$ のときもっとも z 軸まわりの角運動量が大きい）で分類できる．エネルギーは主量子数 n だけに依存する（$E = -\varepsilon/n^2$）．主量子数 n の状態には，$\ell = 0, 1, 2, \cdots, n-1$ の状態[*7]があり，各々の ℓ の値に対し磁気量子数が $-\ell$ から ℓ までの $2\ell+1$ 個ずつある．よって主量子数 n の状態は

$$\underbrace{1}_{\ell=0} + \underbrace{3}_{\ell=1} + \underbrace{5}_{\ell=2} + \cdots + \underbrace{(2n-1)}_{\ell=n-1} = n^2 \tag{5.11}$$

個あることがわかった．このように，同じエネルギーをもつ状態がたくさんあるとき，「**縮退 (degenerate) している**」という．上の例では $\ell = 1$ の状態は「3重に縮退している」という（$\ell = 2$ の状態は5重に縮退している）．

　後でわかった「スピン」という状態変数（2通りの値をとる）のおかげでスピンの分だけ状態数は2倍されるので，$n = 1, 2, 3, \cdots$ の状態は $2, 8, 18, \cdots$ 個ずつあることになる．この $2, 8, 18$ という数字は原子の周期表に出てくる1行あたりに並ぶ元素の数である．原子のまわりを回る電子の配置が化学的性質の違いを作っていることを示している．たとえば，なぜヘリウム（原子番号2），ネオン（原子番号10）が安定なのかは，これらの原子のまわりを回っている電子がちょうど主量子数 $n = 1, 2$ をきっちり満たす数であることと関係がある．ヘリウムは $n = 1$ の軌道がちょうど埋まっているし，ネオンは $n = 1$ と $n = 2$ の軌道がちょうど埋まっている[*8]．このようにして，量子力学によって原子の構造が説明されていく．実際に量子力学にのっとって正しい計算を行うと「原子のまわりの電子は円軌道や楕円軌道を描いて回っている」などという考え方はできなくなる．そういう意味では図5.5は本当ではない．

→ p74

[*7] $\ell = 0, 1, 2$ の状態をそれぞれs状態，p状態，d状態とよぶ．さらに前に主量子数をつけて，1s状態（$n=1, \ell=0$）とか2p状態（$n=2, \ell=1$）などとよぶこともある．

[*8] 電子がたくさんになると，いろいろといまの計算から外れたところが出てくる．たとえば，同じ n であっても ℓ が違うとエネルギーが違ってきたりする．

なお，上で「埋まっている」と書いたが，すでに他の電子が入っている状態にもう1個の電子が入ることはできない．これをパウリの排他律という．排他律がどのような意味をもつのかということは，量子力学がさらに進んで「量子場の理論」になると明らかにされるが，この段階では一つの観測事実から見いだされるルールとして考えるほかはない．

問　題

5.1 (a) 電荷 q をもった粒子が加速度 a の加速運動をしているとき，単位時間あたり $2k(aq)^2/(3c^3)$ のエネルギーを電磁波として放射する．電子が陽子から距離 r の位置を回っているとすると，このとき放射されるエネルギーは単位時間あたりどれだけかを，陽子の放出する電磁波は無視して考えよ．

(b) 電子のもつ全エネルギーの式 $-ke^2/2r$ で，時間によって変化しうるものは r だけである．この式の時間微分にマイナス符号をつけたものは，さっき計算した単位時間に放射されるエネルギーに等しい．これを微分方程式として解き，何秒後に $r=0$ になるか，計算してみよ．最初電子は半径 5.0×10^{-11} m のところを回っていたとして考えよ．

ヒント → p165 へ　解答 → p177 へ

5.2 水素原子核のまわりに電子でなく μ 粒子（性質は電子に似ているが，質量が約200倍）が回っていたとする．この水素原子もどきの基底状態での大きさは通常の水素原子に比べて何倍か．

ヒント → p165 へ　解答 → p177 へ

5.3 太陽（質量 $M=2.0\times 10^{30}$ kg．静止していると見なす）のまわりを地球（質量 $m=6.0\times 10^{24}$ kg）が半径 1.5×10^{11} m の円運動しているとしよう（万有引力定数 G は 6.7×10^{-11} Nm^{2}kg^{-2} とする）．この運動に対してもボーアの量子条件が成立しているとすると，n はいくらぐらいになるだろうか？

普通，太陽と地球の運動を量子力学を使って考えたりはしないのはなぜなのか，この n の数字を使って説明せよ．

ヒント → p166 へ　解答 → p177 へ

5.4 1次元の箱（箱内部の座標が $0<x<L$ で表される）の中を壁と弾性衝突しながらいったりきたりしている質量 m の粒子について，ゾンマーフェルトの量子化条件を適用せよ．粒子のもつエネルギーにはどんな制限がつくか？

ヒント → p166 へ　解答 → p178 へ

6 物質の波動性

前章で，ボーアの量子条件を導入することで原子の中の電子の運動の法則性を得ることができた．しかし，このボーアの（あるいはゾンマーフェルトの）量子条件の物理的意味はなんだろうか？——光の粒子性を表す数値であるプランク定数 h がここにも登場したことには，何か本質的な，統一された意味を見つけることができるのだろうか？

6.1 ド・ブロイの仮説

ド・ブロイ（de Broglie）は

> 波動だと思っていた光に，光子という粒子的記述が必要であることがわかった．ならば，粒子だと思っていた電子やその他の粒子にも，波動的記述が必要なのではないか？

という着想のもと，物質の波動論を展開した（1923年）[*1]．ド・ブロイはアインシュタインによる光量子のエネルギー $E = h\nu$ と運動量 $p = h/\lambda$ の式を電子などにも適用して，

$$\frac{p^2}{2m} + V = h\nu, \qquad p = \frac{h}{\lambda} \tag{6.1}$$

という式が成立するのだと考えた．p は粒子のもつ運動量，V は位置エネルギーである．つまり運動エネルギー $p^2/2m$ と位置エネルギー V の和である全エネルギーを $h\nu$ とおき換えた．

[*1] なお，ド・ブロイによる「物質波」は 後で説明する「波動関数」のような確率の波ではなかった．ド・ブロイはあくまで粒子の運動を考え，その運動が波によって導かれるようなイメージをもっていたようである．
→ p110

78　6　物質の波動性

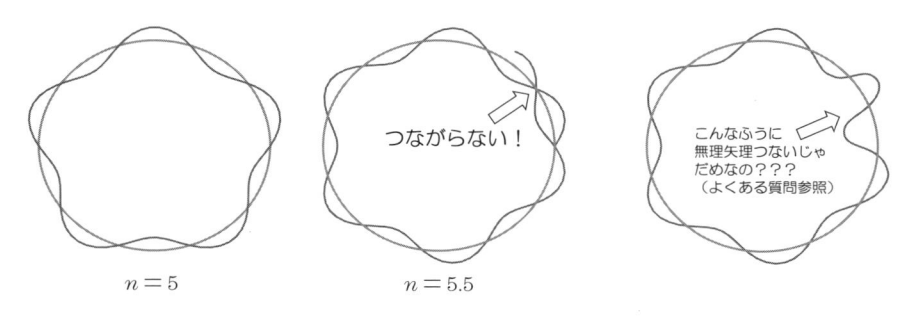

図中注記：
- $n=5$
- つながらない！　$n=5.5$
- こんなふうに無理矢理つないじゃだめなの？？？（よくある質問参照）

図 6.1 つながる波とつながらない波

このおき換えの理論的背景については後でまた振り返ることにして，ド・ブロイの行ったことの結果としてボーア–ゾンマーフェルトの量子条件に明確な物理的意味が生まれるという点をまず説明しよう．ボーアの量子条件は $mv \times 2\pi r = nh$ であったが，mv の部分をド・ブロイの関係式を使って h/λ とおき換えると，

$$\frac{h}{\lambda} \times 2\pi r = nh \quad \text{すなわち} \quad 2\pi r = n\lambda \tag{6.2}$$

という式が出てくる．これは，円軌道の上を波が進んで1周する（$2\pi r$ 進む）間の距離に自然数個の波が入っていることを意味するのである．

【よくある質問】波がつながらないと何が困るのか？？

たとえば図 6.1 の $n=5.5$ のような波があったとしても，つながらない部分の波がちょっと乱れるだけのことではないのか？？——と疑問に思う人もいるかと思う．問題はその「ちょっと乱れる」ことの効果なのである．ちょっと乱れることはすなわち，そこに他の場所よりも短い波長の波ができることになる．ド・ブロイの関係式 $p = h/\lambda$ から，波長の短い波はすなわち運動量の大きい，ゆえにエネルギーの大きい状態を表すことになる．量子条件を満たしている状態というのは，「安定な（エネルギーが低い）」状態なのだと考えることができる（量子条件を満たしてない，複雑な波は波長の短い波との重ね合わせで得られることになり，必然的にエネルギーが高い状態になってしまうのである）．

また，波長の短い波が大きい運動量に対応することから考えると，このような波は運動方程式も満たしていない．

楕円軌道の場合，電子が原子核に近づくと p は大きくなる．なぜならいま，

$$E = \frac{p^2}{2m} - \frac{ke^2}{r} \tag{6.3}$$

6.1 ド・ブロイの仮説

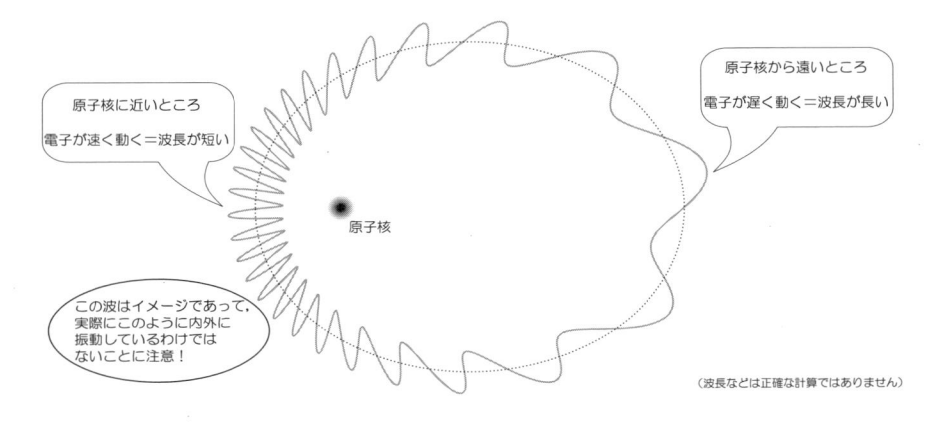

（図中吹き出し）
- 原子核に近いところ 電子が速く動く＝波長が短い
- 原子核から遠いところ 電子が遅く動く＝波長が長い
- この波はイメージであって、実際にこのように内外に振動しているわけではないことに注意！
- 原子核
- （波長などは正確な計算ではありません）

図 6.2 原子核のまわりを回る電子波のイメージ

が一定となっており，r が小さくなると p が大きくなるからである．

よって $\oint p\,dq$ を計算するとき，半径が小さいところでは p を大きく，大きいところでは p を小さくしながら積分を行うことになる．p が大きいことは波長 λ が短いことだから，半径が小さいところでは波長が短くなり，半径が大きいところでは波長が長くなることを意味している．

古典力学的に考えると「位置エネルギー V が増えると運動エネルギーが減る」という現象が起こっているが，波動として考えると「V が大きい場所では波長が伸びる」という現象が起こっていることになる．ド・ブロイの波動力学では，位置エネルギーのとらえ方が古典力学とはまったく違ってきているが，結果としてこの二つの力学は同じような結果を示すのである（詳細は6.3節で示す）．

なお，このような図を見て「電子が外へ内へと振動している」というふうに勘違いする人がよくいるので念のため注意しておくが，

物質波には方向はない．

絵で外へ内へと振動しているように描かれているが，それはあくまで図を描く都合上であって，物質波は方向のない波（スカラー波）である．後で波動関数という形でこの波を表現するが，その波動関数にも方向はない[*2]．ではいったい

[*2] よく「物質波って縦波ですか横波ですか？」という質問を受けるが，どっちでもない．空間内で振動しているわけではない．後でわかるが，無理矢理にいえば（「自乗すると密度にな

何の波なのかということについては，ずっと後の10.1節で述べるが，ここから
しばらくは「では波だとすると何が起こるか？―そしてそれは確認されている
のか？」を話していこう．
→ p117

6.2 電子波の確認

いかにド・ブロイの仮説がボーアの量子条件をうまく説明しても，それだけ
で電子もまた波であるという確証はもてない．しかし，電子が波動としてふる
まう現象が，他のところでも見つかった．量子条件は原子内のような特別な場
所でだけ課される条件ではなく，電子の波動性という，より一般的な現象の現
れの一つにすぎなかったのである．

エルザッサー（Elsasser）はド・ブロイの仮説を聞いて，「電子の波動性を示
す実験はすでにある」と主張した．その一つは電子とアルゴン原子の衝突に関
する実験で，遅い電子の方がアルゴン原子と衝突しにくくなるという結果（ラ
ムザウアー効果とよばれる）である．ド・ブロイの説が本当ならば，遅い電子
はすなわち波長の長い波であり，波長の長い波は散乱しにくい（一般に，波は
自分の波長より短いものにはあまり散乱されない）．

電子の波動性をより直接的に示したのは1927年にダヴィッソン（Davisson）
とガーマー（Germer）が行った電子線回折の実験である．彼らはド・ブロイ
が物質波の考え方を発表するよりも前から，ニッケルや白金に電子を当ててそ
の反射する方向を見るという実験を行っていた．すでに1923年の時点で，ダ
ヴィッソンは電子線の数を角度を横軸にグラフにしてみたところ，奇妙な凹凸
が現れることに気づいていたが，当時は原子の中にある電子がボーア模型のよ
うに殻状になっていることから来るのではないかと考えていた．1925年，実験
でちょっとした事故が起こった．そのためニッケル板が酸化してしまったので，
酸化したニッケルを元にもどすために真空中でニッケルを加熱した．不思議な
ことに，その後の実験では奇妙な凹凸が顕著になったのである．加熱してもま
た冷却してから実験しているのだから，原子内の電子の運動が変化していると
は考えがたい．これは高温状態を経たニッケルが再結晶化した，つまりニッケ
ル原子が加熱前より規則正しく並んだ結果ではないかと考えられた（いったん

る」という意味で）$\sqrt{}$ 粗密 波ということになるが，それでも本質を表しきれていない．

加熱した後ゆっくりと温度を下げることで原子が整列して結晶状態になるという現象が起こることは当時から知られていた)．

そこでダヴィッソンらは 1927 年，ニッケルの単結晶板で実験を行い，電子が特定の角度に強く散乱されることを確認した．

規則正しく並んだニッケルの結晶表面に電子の波がやってきて，原子 1 個 1 個によって散乱される．特定の角度に散乱された場合に限って，となりの原子での散乱波との行路差が波長の整数倍になってたがいに強め合うことになる[*3]．そのように波が強め合った場所にだけ電子が到達すると考えると，特定の角度にだけ電子が散乱されることが説明づけられ，奇妙な凹凸も理解できる．

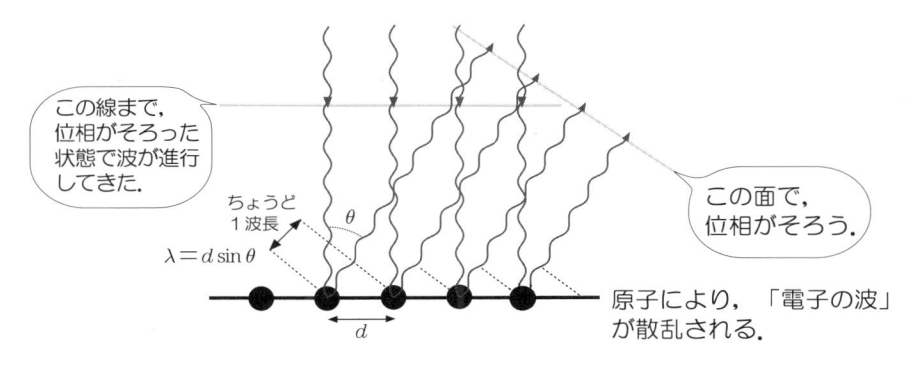

図 6.3　電子線の，金属表面での散乱

これと似た現象——ただし電子ではなく！——X 線が特定の方向に強く散乱されるという現象は，ラウエによって 1912 年に発見されていた．ラウエの実験の結果は X 線が波動であるがゆえに起こることである．まったく同じような現象を電子が起こすということは，電子も波動としてふるまっていることになる．ダヴィッソンたちはいろんな運動量の電子を当ててみて，運動量によって回折パターンが変化することを確かめ，その現象からド・ブロイの式 $p = h/\lambda$ を実験的に確認した．こうなると，電子が波としてふるまうことも，誰にも否定できない事実となったのである．

電子波の波長は可視光に比べて短くできる．波長が短いほど，その波を使って

[*3] 原子がきれいに並んでなければ，各原子ごとに強め合う条件が変わってしまうので，きれいな形で強弱が見えたりしない．これがいったん加熱して冷ます前のニッケルで奇妙な凹凸が見えにくかった理由である．

作った顕微鏡の分解能は小さくなる．光学顕微鏡では発見できないウィルスを電子顕微鏡でなら見ることができるのは，電子波の波長の短さのおかげである．
→ p31

6.3 波動力学と古典力学の関係

では，このような物質波のふるまいと，それを粒子として見たときのふるまいにはどのように関係がつくのであろうか．すでに説明したように，ド・ブロイの式が成立していると，エネルギーの保存が

$$\frac{h^2}{2m\lambda^2} + V = 一定 \tag{6.4}$$

という形になる．これは普通のエネルギー保存則に $p = h/\lambda$ を代入したものである．すなわち，V が大きいところでは λ が長くなり，V が小さいところでは λ が短くなる．つまり，ポテンシャル（位置エネルギー）の違いは波長を変化させるのである．

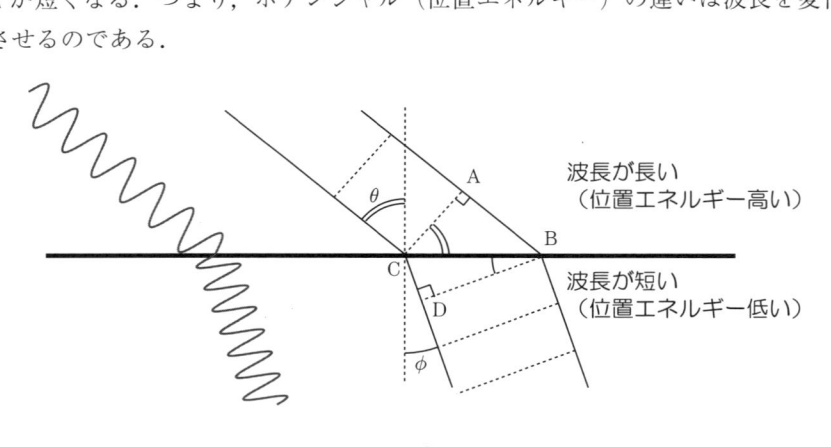

図 **6.4** 屈折

ある線を境に，上ではポテンシャルが大きく，下ではポテンシャルが小さくなっているとき，何が起こるだろうか．上では波長が長く，下では波長が短くなるから，ちょうど空気中から水中に光が入射したときと同じ現象である．このとき，光は屈折するが，屈折する理由は，上の部分の波（空気中の光）の波長が下の部分の波（水中の光）の波長より長いからである．図の AB が 1 波長（A が山のとき B も山）になっているとすると，CD も 1 波長（C が山のとき

D も山）である．AB > CD であるために，上の部分では波面（山の連なり）が AC と平行であったのに，下の部分では波面が BD と平行になってしまう．

この屈折現象を粒子の古典力学で考えると，上より下の方がポテンシャルが低いため，下の方にひっぱりこまれる，という現象である．古典力学で「落ちる」という現象が波動力学では「屈折する」という現象にとって変わっているのである．

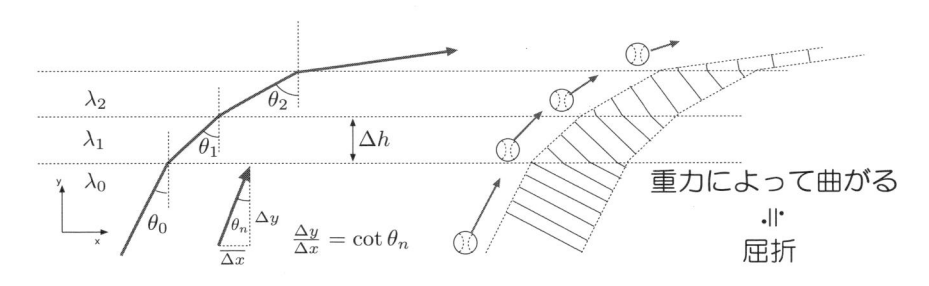

図 **6.5** 落体の運動は屈折である

重力下での粒子（図 6.5 ではボールにしてある）の運動を考えると，高いところほど位置エネルギー mgh が大きいから，その分物質波の波長が長くなる（運動エネルギーが減る）．この場合はポテンシャルは連続的に変化していくが，図 6.5 のように段階的に変化していくとしよう（図で書いた点線の境界面を上に超えるごとに $mg\Delta h$ ずつポテンシャルが高くなるとする）．図では逆に上に登っていく方向で描いている．

以上より，エネルギー保存則から

$$\frac{h^2}{2m(\lambda_n)^2} + nmg\Delta h = E \quad (E は n によらず一定) \tag{6.5}$$

が成立する（位置エネルギーの原点を $n = 0$ に取った．n が大きくなるごとに位置エネルギーが $mg\Delta h$ ずつ増える）．これから，高さ $n\Delta h$ と角度 θ_n の関係式を作ることができる．

境界線を上に超えるごとに波長が長くなっていくから，そのたび，波が下に下にと曲げられていく．これは重力場中で投げ上げられた物体が落下するという現象だと解釈できる．屈折の法則から落体の運動がちゃんと出ることを，以下で確認しよう．

図 6.5 の角度に関して，屈折の法則から，

$$\frac{\sin\theta_0}{\lambda_0} = \frac{\sin\theta_1}{\lambda_1} = \frac{\sin\theta_2}{\lambda_2} = \frac{\sin\theta_3}{\lambda_3} = \cdots = \frac{1}{\lambda_{\max}} \tag{6.6}$$

という式が成立する．ここで，波長が最大 $\lambda_{\max}$ になったとき，角度 θ が $\pi/2$ に達するとした．よって，波長 $\lambda_n = \lambda_{\max} \sin\theta_n$ と書くことができる．これが実は「水平方向の運動量は変化しない」という式

$$\frac{h}{\lambda}\sin\theta = \frac{h}{\lambda_{\max}} = 一定 \tag{6.7}$$

という式になっている，ということは前に指摘した通りである．

最高点が (x_0, y_0) で x 方向の初速度が v_{0x} であるような斜め投射の軌道は，

$$y - y_0 = -\frac{g}{2(v_{0x})^2}(x - x_0)^2 \tag{6.8}$$

と書ける[*4]．この式から軌道の傾き dy/dx を計算すると，

$$\frac{dy}{dx} = -\frac{g}{(v_{0x})^2}(x - x_0) \tag{6.9}$$

である．式 (6.8) から $x - x_0 = \sqrt{2(v_{0x})^2(y_0 - y)/g}$ となるので，

$$\frac{dy}{dx} = -\sqrt{\frac{2g}{(v_{0x})^2}(y_0 - y)} \tag{6.10}$$

ここで dy/dx という量はつまりは $\cot\theta_n$ であり，$1 + \cot^2\theta_n = 1/\sin^2\theta_n$ という式から，

$$1 + \frac{2g}{(v_{0x})^2}(y_0 - y) = \frac{1}{\sin^2\theta_n} \tag{6.11}$$

となるが，ここで上で求めたように $\sin\theta_n = \lambda_n/\lambda_{\max}$ を代入して，

$$\begin{aligned}1 + \frac{2g}{(v_{0x})^2}(y_0 - y) &= \frac{(\lambda_{\max})^2}{(\lambda_n)^2} \\ \frac{m(v_{0x})^2}{2} + mg(y_0 - y) &= \frac{m(v_{0x})^2(\lambda_{\max})^2}{2(\lambda_n)^2}\end{aligned} \tag{6.12}$$

[*4] この式の出し方．まず $x = x_0$ のとき，$y = y_0$ にならねばならず，かつ放物線であるから y は x の 2 次式で書ける．この段階で式 $y - y_0 = (定数) \times (x - x_0)^2$ までは決まる．そして，$y = -(1/2)gt^2 + \cdots$ と $x = v_{0x}t + \cdots$ から出てくる両辺の t^2 に比例する項の係数がそろうことを考えれば定数も求められる．

ここで，$\lambda_n/\lambda_{\max} = mv_{0x}/mv$ を使えば，

$$\begin{aligned}\frac{1}{2}m(v_{0x})^2 + mg(y_0 - y) &= \frac{1}{2}mv^2 \\ \frac{1}{2}m(v_{0x})^2 &= \frac{1}{2}mv^2 + mg(y - y_0)\end{aligned} \tag{6.13}$$

という式が出る．屈折の法則とエネルギー保存則がこうして結びついたわけである．

古典力学でも波動力学でも運動方程式が出てくるのだが，古典力学では力によって運動量が変化すると説明し，波動力学では波長の差が波を曲げる，と説明するのである．したがって，古典力学における質量 m は，波動力学においては「位置エネルギーの変化に対して，波長がどの程度変化するか」を示す量だということになる．波長変化が大きい場合は質量が小さい．同じ位置エネルギー変化に対してよく曲がる[*5]．

では，量子力学と古典力学は同じなのかといえば，もちろん同じではない．上で述べたことから考えると，むしろ「量子力学から古典力学が導かれる」という関係になっている[*6]．

量子力学を勉強していく過程で，「どうして量子力学なんて妙ちくりんなものが成立するのか？」という疑問を感じることが多いと思うが，逆に「どうしてわれわれ（の祖先）は古典力学なんてものが成立すると思ってしまったのか？」と考えてみてほしい．上でも述べたように，量子力学は，考えているスケールが波動としてみたときの波長よりも充分大きいようなときには，古典力学と同じ結果を出す（波長の短い波に対しては幾何光学と波動光学が同じ結果を出すことと同様である）．普段は量子力学と古典力学は同じ結果を出す場合ばかりなので，量子力学の存在に，われわれはなかなか気づかない．

同じようなことが相対論にもいえて，われわれの "常識" は物体が光速の何万分の 1 でしか動かないような世界で作られている．それゆえに $\sqrt{1 - (v/c)^2}$（相対論におけるローレンツ短縮の因子）などという量は 1 としか実感できない．

われわれは量子力学を実感するには大きすぎ，相対論を実感するには小さすぎる．別のいい方をすれば，われわれにとってプランク定数 h は小さすぎるし，

[*5] 落体の場合，位置エネルギーも質量に比例しているので，曲がり方は質量によらなくなるが，それは重力という力の特徴である．
[*6] こんなふうに古典力学と量子力学にちゃんと対応関係がつくのは特別な状況だけであって，量子力学でしか記述しようがない現象はたくさんある．

光速度 c は速すぎる．だからわれわれの"常識"は古典力学やニュートン力学を「正しい」と感じてしまう．しかし，だまされてはいけないのである．

ド・ブロイもボーアもアインシュタインも，狭い知見で作られた"常識"から離れて大きな視点をもつことができたからこそ，この世界の真実を知ることができた．21世紀に生きるわれわれも，思考を柔軟にして量子力学を学んでいこう．

問題

6.1 電子の質量は 9.1×10^{-31} kg である．以下の表を埋めよ．

表 6.1

エネルギー (eV)	10	100	1000	10000
運動量 (kg・m/s)				
波長 (m)				

電子線を結晶に当てて干渉の様子を見るためには，どの程度のエネルギーの電子線を使えばよいか．表を見て判断せよ．結晶の間隔はだいたい 10^{-10} m のオーダーである．

ヒント → p166 へ　　解答 → p178 へ

6.2 波の進む道は直線であって変化しないとしても，波長が変化することによって位相は変化する．自由粒子（粒子には何の力も働いていない）の場合，波の振動数は

$$h\nu = \frac{p^2}{2m} = \frac{h^2}{2m\lambda^2}$$

で計算される．いま，$x=0$ から $x=L$ まで，$t=0$ から $t=T$ までの時間をかけて波長 λ の波が直線的に進行したとする．$t=0, x=0$ で位相が 0 だったとすると，$t=T, x=L$ での位相は

$$2\pi\left[\frac{L}{\lambda} - \left(\frac{h}{2m\lambda^2}\right)T\right]$$

である．λ の違ういろいろな波が重なったと考えると，この位相が極値となるような波長の波が消されずに残ると考えられる．位相が極値となる条件を求め，そのときの h/λ を求めてみよ．その物理的意味は何か？

ヒント → p166 へ　　解答 → p178 へ

6.3 長さ L の剛体の棒の両端に 1 個ずつ質量 m の物体を固定し，これが重心（棒の中点）を中心にくるくる回っているところに，ボーアの量子条件を適用すると，この物体の回転のエネルギーにはどんな制限が生じるかを計算せよ．L が小さいほど，つまり回転の慣性モーメントが小さいほど，エネルギーのとりうる最小の値が大きくなることを示せ．

ヒント → p166 へ　　解答 → p179 へ

7 不確定性関係

　この章では，量子力学における大事な関係式である**不確定性関係**について述べる．不確定性関係は「**不確定性原理**」とよばれることもある．不確定性関係は，物質（光を含む）の波と粒子性によって必然的にもたらされる性質である．

7.1 ガンマ線顕微鏡の思考実験

　ハイゼンベルク（Heisenberg）は電子をガンマ線を使った顕微鏡で見るという思考実験から，不確定性関係を説明した．彼がこのような説明を思いついたのは，「原子核のまわりを回っている電子は波として広がっていてどこにいるかわからないというけど，X線か何かを使って場所をつきとめることはできないのか？」という疑問（こういう疑問が出てくるのは当然であるといえよう）に答えようとしてのことであった．

　普通の顕微鏡では電子を見ることはできない．顕微鏡あるいはカメラなどの光学系には分解能があり，光の波長程度よりも小さいものは見ることができないのである．その理由は2.5節でも説明した．
　　　　　　　　　　　　　　　　　　　　　→ p31
　分解能 Δx は $\lambda/(2\sin\phi)$ となる．くわしい計算をしなくても Δx が λ に比例することと，ϕ が大きければ小さくなることはすぐ理解できる．λ が大きければ光路が大きくても干渉による消し合いが少なくなり，Δx は大きくなる．また，ϕ が大きいとそれだけたくさんの光を集めたことになるので，干渉によって光が消される条件がより厳しくなり，Δx が小さくなる[*1]．

　では，この Δx を可能な限り小さくするためにはどうすればよいだろうか．一つは ϕ を大きくする，つまりレンズを大きくすればよい（天体望遠鏡が大き

[*1] 大雑把な考え方としては「大きいレンズで光を集めることは，それだけたくさんの情報を集めたことにあたるから，精度がよくなり，Δx が小さくなる」と考えるのも悪くはない．ただし，分解能なるものが現れるのは「光が波である」ことが大きく利いている．「レンズで光を集めることができるのも，干渉という現象のおかげである」という本質を忘れてはならない．

な口径のものほど性能がよくなる理由はこれ）．もう一つの方法は波長 λ の短い光（もしくは光でなくても，スクリーン部分で感知可能な波であればよい[*2]）を使うことである．ハイゼンベルクは電子を見るための仮想的な機械をガンマ線顕微鏡とよんだが，それは知られている限りもっとも波長の短い電磁波を使うことを考えたからである．

ところがここで $p = h/\lambda$ を思い出すと，λ が短いことは運動量が大きいことにほかならない．あまり波長の短い光を使うと，位置を確かめようとしていた物体がどこかへ飛んでいってしまうことになる[*3]．また，ϕ が大きいことは，そのとき光がどの方向に反射したかが測定できない，ということである．われわれは点 A もしくは点 B のような，スクリーン上でのみ光を測定する．それゆえ，レンズのどの部分を光が通ってきたのかを特定することはできない．特定しようとするならば，それは小さいレンズを使え，といっているのと同じことになる．

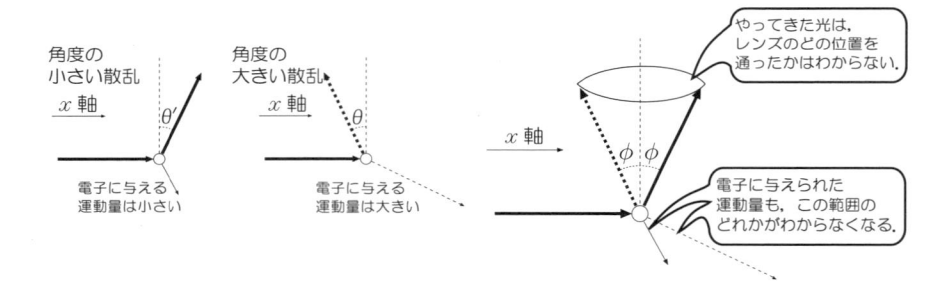

図 7.1 電子の散乱による運動量の不確定性

真横から光が当たったとする．このとき，電子がどれだけの x 方向の運動量をもつかを計算してみよう．光子（ガンマ線）の運んでくる運動量は h/λ である．そして衝突後の光子の運動量の x 成分は光が図 7.1 の実線矢印方向に反射した場合ならば $(h/\lambda)\sin\theta'$ であり，破線矢印方向に反射した場合ならば，$-(h/\lambda)\sin\theta$ である．電子のもつ運動量の x 成分は $h/\lambda - (h/\lambda)\sin\phi$ から，$h/\lambda + (h/\lambda)\sin\phi$ までの範囲にある，ということになる．つまり，電子に光を当てた結果，電子のもつ運動量に不確定さ Δp が生じてしまう．この運動量の不確定性は $\Delta p =$

[*2] 電子顕微鏡は電子波を使って微小なものを見る．電子波の波長は光よりはるかに短い．
[*3] ガンマ線の危険性を思い起こせ．ガンマ線が生命に害を与えるのは，身体の中の電子などにぶつかって動かすことで細胞内の分子に損傷を与えるからなのである．

$2(h/\lambda)\sin\phi$ となる．このとき，Δx と Δp の積を計算すると，

$$\Delta x \Delta p = h \tag{7.1}$$

という式が出る．この式は，Δx を小さくしようとすると Δp が大きくなる，ということを表している．この電子の位置の測定を精密にやればやるほど，電子の運動量が大きな幅で変化してしまうことになる．

ハイゼンベルクは以上のような思考実験[*4]によって，不確定性関係を説明した．Δx や Δp は上で求めたよりも大きな値になることもありうる．

結論として，われわれが何かの物体の位置と運動量を測定しようとしたとき，その両方を確定的に決めることはできず，位置には Δx ぐらいの，運動量には Δp ぐらいの不確定さが存在し，その間に式 (7.1) が成立する．一方を小さくするともう一方が必然的に大きくなってしまう．

このような不確定性は，ガンマ線顕微鏡（あるいは光学的顕微鏡でも同じ）だけで起こるものではなく，ありとあらゆる観測機器についてまわる一般的な問題である．7.3 節以降で説明するが，不確定性は測定の段階で生じるものではなく測定前の状態ですでに存在しているのであり，観測機器の問題ではない．
→ p91

7.2　ヤングの実験と不確定性関係

この「不確定性関係」は，「粒子は二重スリットのどちらを通ってきたのか？」という問題とも関連している．

例として，電子を使ってヤングの実験をしたとすると，電子を波と考えた場合の波長 λ を使って $L\lambda/d$ で表せる幅の干渉縞ができる．これは光とまったく同様の結果であり，1 個の電子が両方のスリットを波の形で同時に通過していると考えなくては干渉が説明できない．そこでどちらを通過しているのかを測定してみたいと思ったとしよう．電子の質量を m とし，スリットに入る前は速度 v で真横に進んでいたとする．

スリットの幅を d とする．電子がどちらを通ったかを測定するために，横から光を当てて反射を調べるとする．しかし，この「電子に当たって跳ね返ってきた光」がどこで跳ね返ったかを知るためにはやはり，レンズなどを使って光

[*4]「思考」実験であって，実際にガンマ線顕微鏡を作って実験したわけではない．

7 不確定性関係

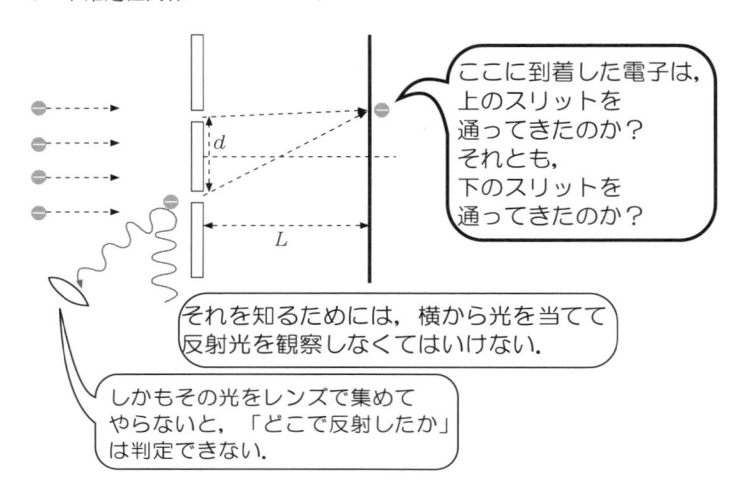

図 7.2 どっちのスリットを通ったかを確かめる実験

を集める必要があり，ガンマ線顕微鏡のときと同様，分解能という限界がある．当然，光の波長が d より短くなくては，電子がどちらを通ったか判定できない．ところが，波長が d より短いということは，光子が h/d よりも大きい運動量をもっていることを意味する．

スリット通過時に電子に光が当たったことにより，電子は光がもっていた横方向の運動量の一部（どれだけであるかは実験するたびに違う）をもらってしまうので，電子の横方向の運動量に不確定性が生じる．

スクリーンまでの距離を L として，これにより電子の到達場所がどの程度ずれるかを概算すると，下図のように考えて $L\lambda/d$ となる．

この長さは，光を使って場所を調べない場合にできる干渉縞の幅 $L\lambda/d$ とまったく同じである．光で調べるための装置を付け加えた結果，付け加える前の状態では「干渉により電子が来ない」と思われていた場所にも電子が来てしまう

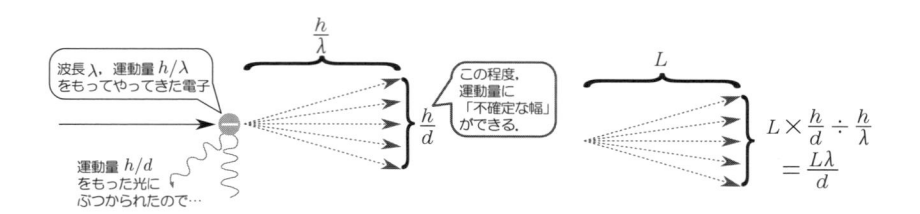

ことになり，干渉縞ができなくなる．こうして，「電子がどちらのスリットを通ったかを調べるメカニズムを追加する」ことが干渉実験を失敗させてしまうのである．同様の問題として，演習問題**7.3**および演習問題**7.5**があるので，こ
ういう問題が気になる人は解いてみて，不確定性関係がうまく保たれることを納得しよう．

7.3 不確定性関係の意味

　不確定性関係は非常に神秘的な関係式と思えるかもしれないが，ド・ブロイの式 $p = h/\lambda$ を認めて，「物質は波動性をもつ」ことを考えれば，実はしごく当然の関係式である．

　いま，1 個の粒子が箱に入っているとする．話を簡単にするために 1 次元で考えて，この箱の端から端まで L としよう．この粒子の位置を観測しなかったとすると，箱のどの位置にいるのかわからないので，この粒子の Δx は L である．この粒子を波だと考えると，箱の中に定常波ができている状態だと考えられる．すると，その波の波長は最大でも $2L$ である．「波長が最大で $2L$」であることはすなわち，「運動量が最小でも $h/2L$」であることになる．実際には（定常波状態になっているので）箱の中には最低でも，$h/2L$ の運動量をもった粒子（正方向に進む波）と $-h/2L$ の運動量をもった粒子（負方向に進む波）が入っている，ことになる．つまり $\Delta p = h/L$ である．ここでも $\Delta x \times \Delta p \simeq h$ が成立している．より一般的には，もっと波長の短い（運動量の大きい）波が入ってもよいので，Δp がもっと大きくなる可能性はある．

　箱を押して大きさを小さくしていったとしよう．L が小さくなるので Δx は小さくなるが，Δp の方は逆に大きくなっていく．この「大きくなる」というのは不確定性関係が理由でそうなるといっているのではない．箱を小さくするというのは両側から力を加えて押すわけであるから，内部に閉じ込められた粒子のエネルギーは必然的に増えてしまうのである（断熱圧縮に対応する）．つまり，粒子の位置を確定しようとすると運動量の幅が広がってしまう（逆も同様）．

　ガンマ線顕微鏡の例では「x を精度よく観測すると p の不確定が大きくなる（乱される）」という形での不確定性を論じた．そのために，不確定性の意味を「観測しようとすると乱されるから観測できない」という意味だと誤解する人が多いので，ここで強調しておく．

不確定性というのは観測する前の状態ですでに存在している．

誰がどのように観測するかにかかわらず，$\Delta x \Delta p$ が $\hbar$ 程度になるという関係は成立しているのである．Δx や Δp は測定誤差ではなく，「値の広がり」を表す．「粒子は Δx の幅のどこにいるのかわからない」[*5]というよりも「最初から Δx の範囲に広がっている」と考えるべきである．「どこにいるのかわからない」という考え方をすると，測定手段（実験機器など）の責任で Δx が生じているような印象を与えるが，不確定性は，実験機器の責任によって生じるのではなく，物質の波動的性質によって必然的に生じるものと考えなくてはならない．

本書では詳細は述べないが，理想的な場合の最小値でも，$\Delta x \Delta p$ は $\hbar/2 = h/4\pi$ であることが計算できる．よって

$$\Delta x \Delta p \geq \frac{\hbar}{2} \tag{7.2}$$

というのが一般的法則である[*6]．

現実に存在している粒子も，不確定性関係を守っている．われわれは原子や原子核の大きさをこれくらい，と測定しているが，実際にその物質がそれだけのサイズをもっているというより，その粒子がだいたいそれぐらいの範囲の中に広がって存在している（Δx がその程度の大きさである）と判断せねばならない（演習問題**7.2**参照）．
→ p93

【補足】─────────────────────────この部分は最初に読むときは飛ばしてもよい．

「質量 m の粒子はコンプトン波長程度の広がりがある」という話をしたが，これもこの不確定性関係からくる．不確定性関係から，$\Delta x \simeq h/mc$ になると，$\Delta p \simeq mc$ ぐらいになる．こうなると粒子のもつ運動エネルギーの不確定度は $[(\Delta p)^2/2m] \simeq mc^2$ ぐらいとなる．つまり，運動エネルギーの広がりが，粒子をもう1個作るのに必要なエネルギー mc^2 と同じ程度になってしまう．結果として，もし質量 m の粒子を h/mc 以下の領域に閉じ込めようとすると，その大きな運動エネルギーによって粒子がもう1個生成されてしまう．1個の粒子が安定して存在するためには，h/mc 以上の広がりをもって存在していなくてはいけないのである．

─────────────────────────────────【補足終わり】

[*5] 「わからない」といわれると「ちゃんと測ればわかるんじゃないの？」といいたくなるのだが，誰かがさぼっているからわからないというものではないのである．

[*6] $\Delta x \Delta p \geq \hbar/2$ は粒子の存在の広がりについての式である．観測することによって状態が乱されることによる不確定性については，$\Delta x \Delta p \geq \hbar/2$ とは少し違う関係式が成立することがわかっている．

問題

7.1 1次元の箱（長さ L）をゆっくりと Δt かけて $-\Delta L$ だけ圧縮したとする（ここでは，$\Delta L < 0$ としている）．箱の中に入れられた粒子は，衝突するたびに $-2\Delta L/\Delta t$ ずつ速さを増すことになる．圧縮が終わったときに粒子のもっている運動量の大きさはどれだけになっているかを計算し，不確定性関係がこの圧縮によって変化しないことを確認せよ．$-\Delta L$ は L に比べて十分小さいものとし，かつ Δt は十分長い時間であるとする． ヒント → p166 へ　解答 → p179 へ

7.2 以下の二つの現象が不確定性関係に即していることを確かめよ．
(a) 原子を回っている電子はだいたい 10 eV 程度のエネルギーをもっている．原子の半径は 10^{-10} m 程度である．
(b) 原子核内の核子は 1 MeV $(=10^6$ eV$)$ 程度のエネルギーをもっている．原子核の半径は 10^{-14} m 程度である．
注：1 eV$=1.6 \times 10^{-19}$ J．電子の質量は 9.1×10^{-31} kg．核子の質量は 1.7×10^{-27} kg．

ヒント → p166 へ　解答 → p179 へ

7.3 二重スリットの実験（ヤングの実験）では，どちらのスリットを光が通ったかわからない，という話がある．この話に反論するために，実験装置のスクリーンの部分を「光が当たると倒れるピン」に変えてみよう．光が上のスリットを通ったときならば光はピンの上から，光が下のスリットを通ったならば光はピンの下からやってきたことになる．ピンは上から光が来たら下側に，下から光が来たら上側に倒れるに違いない．ということは，ピンが倒れる方向を見ることでどちらからやってきたのかがわかるではないか！
光子のもつ運動量を h/λ として，この問題を考察せよ．

ヒント → p166 へ　解答 → p180 へ

7.4 波動光学では「光は自分の波長と同じくらいのすき間を通り抜けたあと，よく回折する」ことが知られているが，この現象も不確定性関係の現れと考えることができる．
　幅 d のスリットを波長 λ の光が通り抜けたとする．このとき，光子の存在位置は，$\Delta x = d$ という不確定性をもって決められたことになる（ただし，決まっ

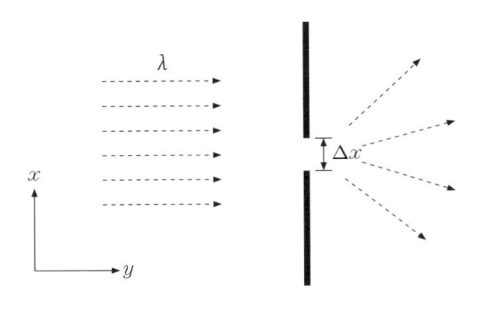

図 **7.3** スリットを通り抜けてから広がる光

94   7 不確定性関係

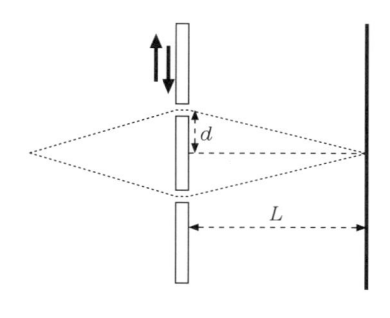

図 7.4

たのは x 方向, すなわち進行方向に垂直な方向). このため, 光子の x 方向の運動量は $-\Delta p/2 < p < \Delta p/2$ のような不確定さをもつ. Δp はどのくらいとなるか. 光子の全運動量の大きさ（変化しないはず）と上の答を比べることにより, 光子の進行方向の不確定性（光の進行方向に対する広がり角度）を角度の正弦の不確定性 $\Delta(\sin\phi)$ で求めよ. 広がり角度が 30 度になるのはどんなときか.

ヒント → p167 へ   解答 → p180 へ

7.5 ヤングの実験を行うとき, スリットは光を上または下に曲げているわけであるから, そのときに反動として運動量を受け取るはずである.
「実験前後のスリットの運動量を精密に測定すれば, 電子が上を通ったか下を通ったか, わかるはずだ！」といった人がいる. この人を論破していただきたい.

ヒント → p167 へ   解答 → p180 へ

8 波の重ね合わせと不確定性関係

 物質が波動性をもつことがわかってきたので,その波動がどのような方程式で記述されるのか,を知りたくなるところである.その式を作る前に,この章では少しだけ量子論から離れて,具体的な波を一つ考えよう.後で作る「波動関数」を考えるときのための練習をしておく.そして,波が重ね合わされることと,不確定性関係との間の関係について述べる.

8.1 円周上に発生する波の重ね合わせ

 ここまで,狭い空間に閉じ込められた波に関して,不確定性関係が成立することを示した.閉じ込められていないが,空間の一部にだけ分布している波の場合はどのように考えればよいだろうか.その場合,いろんな波長の波が重なり合うことで「空間の一部にだけ分布している波」ができていると考えることができる.

 波の重ね合わせを考える簡単なモデルとして,半径1の円の上に発生している波を考えよう.円形に掘った溝の中に水が入っていて,その水に波を起こし

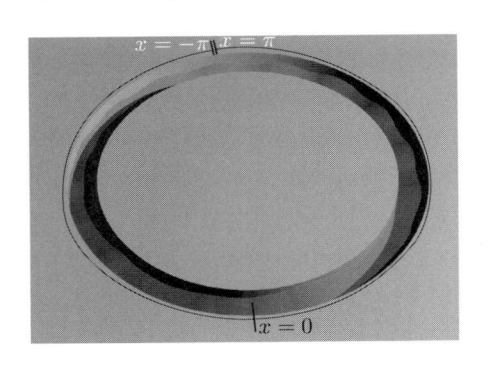

図 8.1 円周水路(周期境界条件を満たす)

ているところをイメージすればよい(ここからのち,しばらく扱う波は波動関数という得体の知れない波ではなく,普通の水面の波でよい).
→ p110

円周に沿っての座標を x としてその範囲を $[-\pi, \pi]$ としよう.すると,$x = -\pi$ と $x = \pi$ は同一点である.この波の,ある一瞬での形を $f(x)$ という関数で表すと,この関数はこの同一点で同じ値をもつ($f(\pi) = f(-\pi)$),周期関数でなくてはならない.$f(x)$ だけでなく,その微分もすべて一致する[*1].

周期 2π の周期関数は,$\sin x, \sin 2x, \sin 3x, \cdots$,および,$\cos x, \cos 2x, \cos 3x, \cdots$ で表されるような,いろんな波長(ただし,2π/自然数に制限される)の三角関数(および定数)の和で書かれることが知られている[*2].つまり,$f(-\pi) = f(\pi)$ になるような関数 $f(x)$ は,

$$f(x) = \frac{1}{\sqrt{2\pi}} a_0 + \sum_{n=1}^{\infty} a_n \frac{\cos nx}{\sqrt{\pi}} + \sum_{n=1}^{\infty} b_n \frac{\sin nx}{\sqrt{\pi}} \tag{8.1}$$

と書けるのである.係数 $1/\sqrt{\pi}$ など[*3]は,あとで a_n, b_n を求める式を簡便にするためにつけられている.

このように関数を三角関数の和で表したものを「**フーリエ級数**」という.$f(x)$ という関数を

$$\frac{1}{\sqrt{2\pi}}, \frac{\cos x}{\sqrt{\pi}}, \frac{\cos 2x}{\sqrt{\pi}}, \frac{\cos 3x}{\sqrt{\pi}}, \cdots, \frac{\sin x}{\sqrt{\pi}}, \frac{\sin 2x}{\sqrt{\pi}}, \frac{\sin 3x}{\sqrt{\pi}}, \cdots \tag{8.2}$$

という周期関数のそれぞれに係数 $a_0, a_1, a_2, a_3, a_4, \cdots, b_1, b_2, b_3, b_4, \cdots$ を掛けて足算したもの,として表現しているわけである[*4].ここで式 (8.2) の関数の集合は,「自分自身と掛けて積分すると 1,違うものと掛けて積分すると 0」という性質(「**規格直交性**」とよぶ)をもっている.

実際,m, n が 0 でない整数のとき,

[*1] 通常われわれはなんらかの波動方程式(たいてい,x に関して 2 階の微分方程式)が成り立っている場合を考える.その場合微分方程式により 2 階微分 $d^2 f(x)/dx^2$ は $f(x)$ とその微分 $df(x)/dx$ で表すことができる.ゆえに,$f(x)$ と $df(x)/dx$ が周期境界条件を満たしていれば,2 階以上の微分も自動的に周期境界条件を満たす.

[*2] 証明は略すが,これらの級数和と $f(x)$ の違いはいくらでも(つまり 0 になるまで)小さくできることが数学的に示せる.

[*3] a_0 の前だけ $1/\sqrt{2\pi}$ になって特別扱いされているが,それは後で説明する規格直交性を満たすように.

[*4] フーリエ級数は量子力学に限らず,物理・工学で広く使われる.

8.1 円周上に発生する波の重ね合わせ

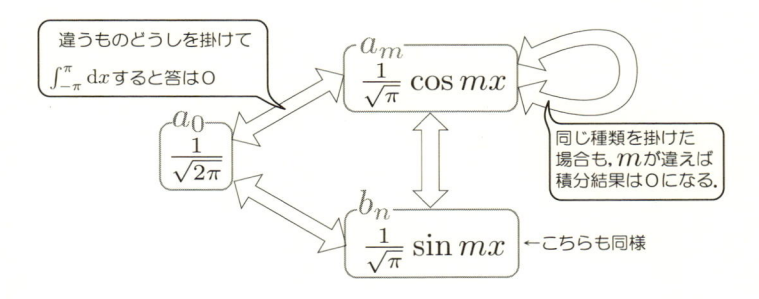

図中注釈:
- 違うものどうしを掛けて $\int_{-\pi}^{\pi} dx$ すると答は 0
- a_m : $\frac{1}{\sqrt{\pi}}\cos mx$
- a_0 : $\frac{1}{\sqrt{2\pi}}$
- b_n : $\frac{1}{\sqrt{\pi}}\sin mx$
- 同じ種類を掛けた場合も, m が違えば積分結果は 0 になる.
- ←こちらも同様

図 **8.2** 三角関数の積分の直交性

$$\int_{-\pi}^{\pi} dx \, \frac{\sin mx}{\sqrt{\pi}} \times \frac{\sin nx}{\sqrt{\pi}} = \begin{cases} 1 & (m = n) \\ 0 & (m \neq n) \end{cases} \tag{8.3}$$

$$\int_{-\pi}^{\pi} dx \, \frac{\cos mx}{\sqrt{\pi}} \times \frac{\cos nx}{\sqrt{\pi}} = \begin{cases} 1 & (m = n) \\ 0 & (m \neq n) \end{cases} \tag{8.4}$$

$$\int_{-\pi}^{\pi} dx \, \frac{\cos mx}{\sqrt{\pi}} \times \frac{\sin nx}{\sqrt{\pi}} = 0 \tag{8.5}$$

$$\int_{-\pi}^{\pi} dx \, \frac{1}{\sqrt{2\pi}} \times \frac{1}{\sqrt{2\pi}} = 1 \tag{8.6}$$

$$\int_{-\pi}^{\pi} dx \, \frac{\sin nx}{\sqrt{\pi}} \times \frac{1}{\sqrt{2\pi}} = \int_{-\pi}^{\pi} dx \, \frac{\cos mx}{\sqrt{\pi}} \times \frac{1}{\sqrt{2\pi}} = 0 \tag{8.7}$$

である. 積分のやり方については, 演習問題**8.1**と, その解答を見よ.「波を 1 周期分積分すると, 山（プラス変位）と谷（マイナス変位）を足していくことになるので, 必ず 0 となる」というのが, 上のような式が成立する理由である. 二つの波を掛算するときも同様だが, 同じ波を掛算した場合に限って, 谷×谷もプラスになるので結果は 0 にならない.

式 (8.3) と式 (8.4) の右辺のような量を,

───── クロネッカーのデルタの定義 ─────

$$\delta_{mn} = \begin{cases} 1 & (m = n) \\ 0 & (m \neq n) \end{cases} \tag{8.8}$$

のように定義された記号 δ_{mn}（「**クロネッカーのデルタ**」とよばれる）を使って表現することもある．

規格直交性という性質は 3 次元空間の中の基底ベクトルのもつ，

$$\bm{e}_i \cdot \bm{e}_j = \delta_{ij} \quad (互いに直交し，長さが 1) \tag{8.9}$$

という性質に似ている[*5]ので，式(8.2)のことを「基底関数」などとよぶ．

この性質を利用して，フーリエ級数の係数である a_n, b_n を求めていくことができる．たとえば，$f(x)$ に $\sin mx/\sqrt{\pi}$ を掛けて積分する，すなわち，

$$\begin{aligned}
&\int_{-\pi}^{\pi} dx \, \frac{\sin mx}{\sqrt{\pi}} f(x) \\
&= \int_{-\pi}^{\pi} dx \, \frac{\sin mx}{\sqrt{\pi}} \underbrace{\left(\frac{1}{\sqrt{2\pi}} a_0 + \sum_{n=1}^{\infty} a_n \frac{\cos nx}{\sqrt{\pi}} + \sum_{n=1}^{\infty} b_n \frac{\sin nx}{\sqrt{\pi}} \right)}_{f(x)}
\end{aligned} \tag{8.10}$$

という計算をすると，同じ種類の項だけが残ることから，b_n の項で $m=n$ の部分だけが生き残り，答は b_m となる．同様に，a_m の方も計算できて，

$$a_0 = \int_{-\pi}^{\pi} dx \, f(x) \frac{1}{\sqrt{2\pi}}, \ a_m = \int_{-\pi}^{\pi} dx \, f(x) \frac{\cos mx}{\sqrt{\pi}}, \ b_m = \int_{-\pi}^{\pi} dx \, f(x) \frac{\sin mx}{\sqrt{\pi}} \tag{8.11}$$

と求められる．

こうして，どのような周期関数 $f(x)$ が与えられても，それに対応する係数 a_n, b_n を求めていくことができる．

もう一つのフーリエ級数の作り方として，

$$f(x) = \frac{1}{\sqrt{2\pi}} \sum_{n=-\infty}^{\infty} F_n e^{inx} \tag{8.12}$$

のように複素数を使う方法もある．$e^{inx} = \cos nx + i \sin nx$ であることを思い出せば，上の式は

[*5] 基底ベクトルのもつ「適当な係数を掛けて線形結合を作ることで，任意のベクトルを作ることができる（$\bm{A} = A_x \bm{e}_x + A_y \bm{e}_y + A_z \bm{e}_z$）」という性質も，基底関数はもっている．それを実行したのがフーリエ級数なのである．

8.1 円周上に発生する波の重ね合わせ

$$f(x) = \frac{1}{\sqrt{2\pi}} \sum_{n=-\infty}^{\infty} F_n (\cos nx + i \sin nx)$$
$$= \frac{1}{\sqrt{2\pi}} F_0 + \frac{1}{\sqrt{2\pi}} \sum_{n=0}^{\infty} \Big[(F_n + F_{-n}) \cos nx + i(F_n - F_{-n}) \sin nx \Big] \tag{8.13}$$

となる．

$$F_0 = a_0, \quad \frac{1}{\sqrt{2}}(F_n + F_{-n}) = a_n, \quad \frac{i}{\sqrt{2}}(F_n - F_{-n}) = b_n \tag{8.14}$$

とすればこの式は式(8.1)と同じである．この形では $f(x)$ は実数とは限らないが，もし「実数であれ」という条件が課されているなら，$(F_n)^* = F_{-n}$ になっていなくてはいけない．

この場合の基底関数 $(1/\sqrt{2\pi})e^{inx}$ は，上とはちょっと違った直交関係

$$\int_{-\pi}^{\pi} dx \frac{1}{\sqrt{2\pi}} e^{-imx} \times \frac{1}{\sqrt{2\pi}} e^{inx} = \delta_{mn} \tag{8.15}$$

をもっている（e^{-imx} のマイナス符号に注目）ので，$f(x)$ から F_n を求めるための積分は

$$F_n = \int_{-\pi}^{\pi} dx\, f(x) \times \frac{1}{\sqrt{2\pi}} e^{-inx} \tag{8.16}$$

である（証明は演習問題**8.2**を見よ）．

ここでもう一つ大事なことを指摘しておく．「ある関数がどのような関数なのか」を表現するには，$x \mapsto f(x)$ という対応関係を表現すればよいが，

$$f(x) = \frac{1}{\sqrt{2\pi}} a_0 + \sum_{n=1}^{\infty} a_n \frac{\cos nx}{\sqrt{\pi}} + \sum_{n=1}^{\infty} b_n \frac{\sin nx}{\sqrt{\pi}} \tag{8.17}$$

と書くと，$a_n(n \geqq 0), b_n(n > 0)$ という数を指定することで関数が指定できる．「ある波を表現する方法」として，

- $f(x)$（すなわち，$x \mapsto f(x)$ へという対応）で表現する．

- a_n, b_n（すなわち，波数 n からその波数をもつ波の振幅という対応）で表現する．

という二つの方法があるわけである．a_n, b_n で表すという方法は，a_n や b_n を「ベクトルの1成分」と考えると「無限次元のベクトルを考えている」ようにも見える．

この関数は，

という対応関係 $x \mapsto f(x)$ で表現してもよいし，

$(1, 0.3, 0.5, 0.7, \cdots)$

という数列（ベクトル）で表現してもよい．

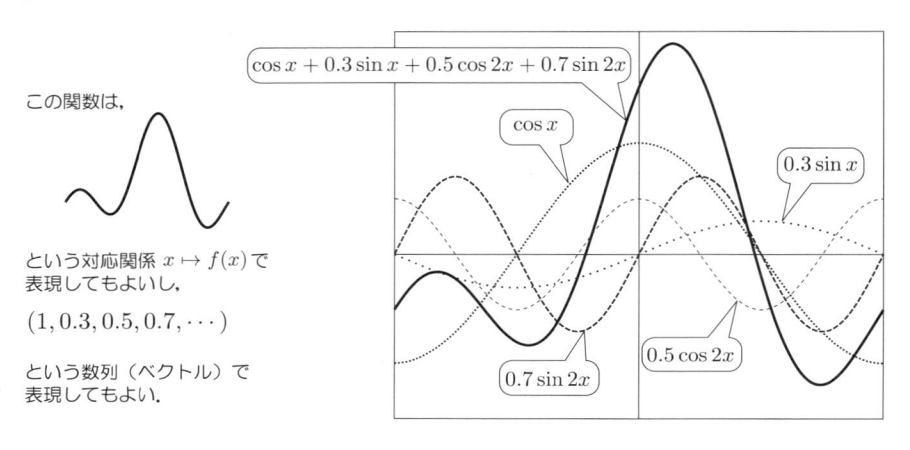

図 8.3　関数の"表現"

この次の章で，いよいよシュレーディンガー方程式と波動関数の話をすることになるが，そこで現れる「波動関数」というのも，ある粒子の取る物理学的「状態」を表現する方法である．そして，（上で述べたように）関数を表現する方法が複数あるのと同様に，量子力学的状態を表現する方法もいろいろなものがある．

本書の範囲ではそこまで深く入れないが，より量子力学を深めていくためには，量子力学的状態を「関数」で表したり，無限次元のベクトルで表現したりすることが必要になってくる．ここで少しだけ，その概念に慣れておこう．

8.2　三角関数の重ね合わせで矩形波を作る

具体的な関数として，高さ H で幅 2δ の矩形波を考えよう．この波は

8.2 三角関数の重ね合わせで矩形波を作る

$$f(x) = \begin{cases} H & -\delta < x < \delta \\ 0 & （それ以外） \end{cases} \tag{8.18}$$

のような関数で表される．

この関数を $\sin, \cos$ の和で表したときの係数を求めよう．

$$a_m = \int_{-\pi}^{\pi} dx \, \frac{\cos mx}{\sqrt{\pi}} f(x) = \frac{H}{\sqrt{\pi}} \int_{-\delta}^{\delta} dx \, \cos mx = \frac{2H}{m\sqrt{\pi}} \sin m\delta \tag{8.19}$$

$$b_m = \int_{-\pi}^{\pi} dx \, \frac{\sin mx}{\sqrt{\pi}} f(x) = 0 \tag{8.20}$$

$$a_0 = \int_{-\pi}^{\pi} dx \, \frac{1}{\sqrt{2\pi}} f(x) = \frac{2H\delta}{\sqrt{2\pi}} \tag{8.21}$$

となる．b_m が 0 になるのは，$\sin$ が奇関数で，$f(x)$ が偶関数であることからくる．こうして求められた a_m, b_m を代入すると以下のように $f(x)$ を表現できる．

$$f(x) = \frac{H\delta}{\pi} + \frac{2H}{\pi} \sum_{m=1}^{\infty} \frac{\sin m\delta}{m} \cos mx \tag{8.22}$$

$H = \pi/2$, $\delta = 1$ の場合を考えよう．そのとき，

$$f(x) = \frac{1}{2} + \sum_{m=1}^{\infty} \frac{\sin m}{m} \cos mx \tag{8.23}$$

である．ここで，

$$f_N(x) = \frac{1}{2} + \sum_{m=1}^{N} \frac{\sin m}{m} \cos mx \tag{8.24}$$

のように，和を無限大まででではなく N 番目までとったものを考えることにする．
図 8.4 は，$N = 1$ と $N = 2$ の場合，すなわち，$\sum$ の 1 項までの和をとったものと，第 2 項までとったもののグラフである．参考のために，ここで足された $\sum$ の第 2 項 $(\sin 2/2) \cos 2x$ もグラフに示している．

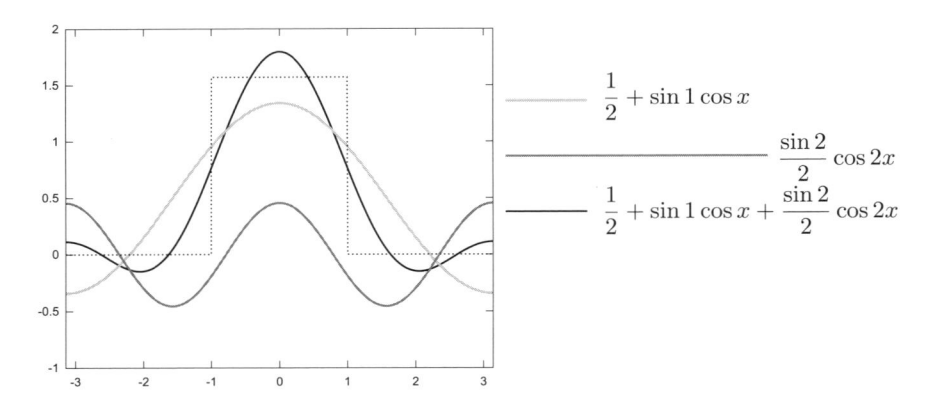

図 8.4　重ね合わせによる局在

点線は $f(x)$ を表す．第3項が足されたことで，関数がより $f(x)$ に近い形になっている——すなわち，$[(1/2) + \sin 1 \cos x]$ よりも $[(1/2) + \sin 1 \cos x + (\sin 2/2) \cos 2x]$ の方が $f(x)$ に近い——ことがわかるであろう．この後も次の関数，次の関数が足されていくごとに級数は $f(x)$ に近づいていく．

8.3　波の重ね合わせと不確定性関係

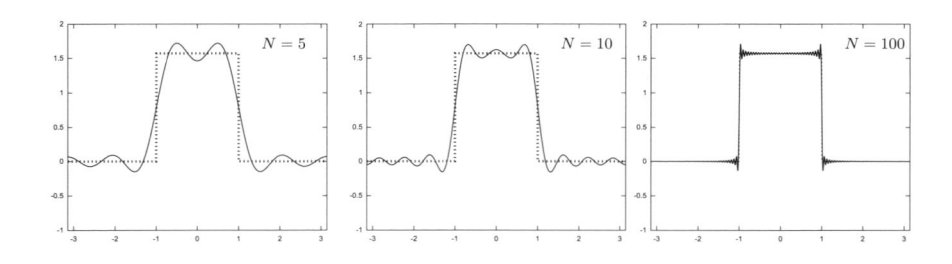

図 8.5　N を増やしていくことの効果

$\delta = 1, H = \pi/2$ の場合で，第 5 項まで，第 10 項まで，第 100 項までのグラフを書いたものが図 8.5 である．少しずつ矩形波に近づいていき，範囲外の波が小さくなっていくのがわかる．

第 10 項まで取ることは固定して，δ を $1, 0.5, 0.25, 0.125$ と変化させていった

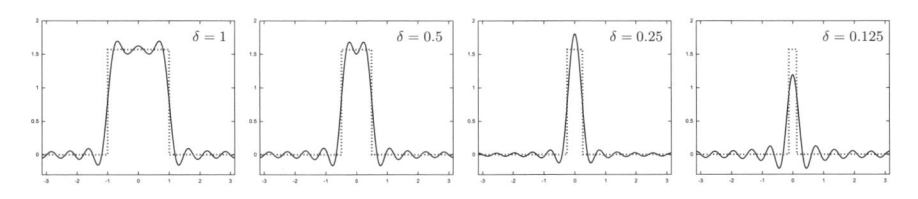

図 **8.6**　δ を変えることの効果

のが図 8.6である．δ が小さいと，第10項までを足しただけでは矩形にならず，入ってほしい範囲の外でも波があることがわかる（どんどん項数を増やしていけば，やはり矩形に近づく）．

$N = 10$ までということは，波数が 10 まで，つまり波長が $2\pi/10 \fallingdotseq 0.628$ ぐらいまでの 波を足算したことになる．いま考えている矩形の幅である 2δ が波長より短くなってしまうと，波を局在させることが難しくなっていることがわかるであろう．

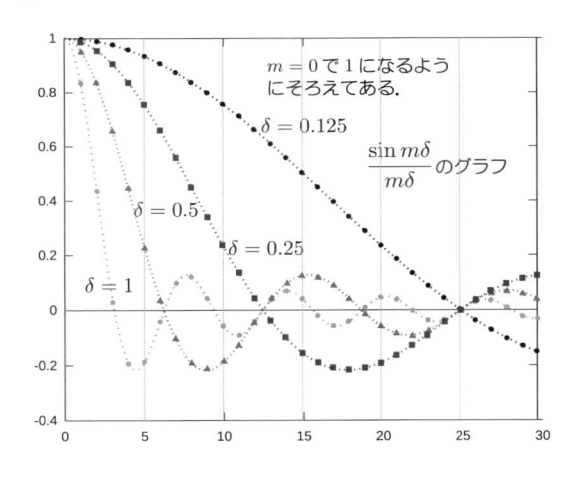

図 **8.7**　$a_m = \sin m\delta/m$ のグラフ

つまり δ が小さくなれば，それだけ重ね合わせるべき波の波長を短く（波数を大きく）していかなくてはいけない．重ね合わせる波の振幅を表すのが係数 $a_m = \sin m\delta/m$ であるが，a_m の様子をグラフにしたのが図 8.7 である．δ が小さくなると，より大きい m の波をたくさん加えなくてはいけないことがわか

る．これはつまり「小さい矩形波を作るためにはより波長の短い波を重ね合わせなくてはいけない」ことである．逆に，矩形より大きい波をいくら足しても矩形が作り出せないことは容易にわかる．実際にはグラフの通り，波長が無限に小さい波までをどんどん足していかなくてはいけないのだが，おおざっぱに考えると $m\delta = 2\pi$ となるまでをとれば，だいたいの形は再現できると考えてよいだろう．つまり $m = 0$ から $m = 2\pi/\delta$ までの広がりのある波を足し合わせていると考える．波長は $\lambda = 2\pi/m$ で表され，$p = mh/2\pi$ となることから，いま足している波は $\Delta p = 2 \times (h/2\pi) \times (2\pi/\delta) = (2h/\delta)$ ぐらいの幅をもつ．一方，矩形波が存在している幅 Δx は 2δ である．つまり波束の幅を縮めれば波数の幅が広がり，波数の幅を縮めれば波の広がりが大きくなる．この場合は $\Delta x \Delta p = 4h$ となり，不確定性関係に則している．

不確定性関係は，「Δx と Δp の積が h より大きい」という述べ方をするとずいぶん神秘的に聞こえるが，いったん波動力学的立場を認めて，「Δx と $\Delta (1/\lambda)$ の積が 1 より大きい」という述べ方をすれば不思議でもなんでもない関係であることがわかる．

【補足】——————————————————この部分は最初に読むときは飛ばしてもよい．

式(8.22)で表される級数で，$2H\delta$（矩形の面積）を 1 に保ったままで $\delta \to 0$ の極限をとる．つまり「波がとことんまで局在した状況」を作ってみよう．
→ p101

この極限の結果は，「積分すると 1 になるけどほとんどの場所での値は 0 である」と

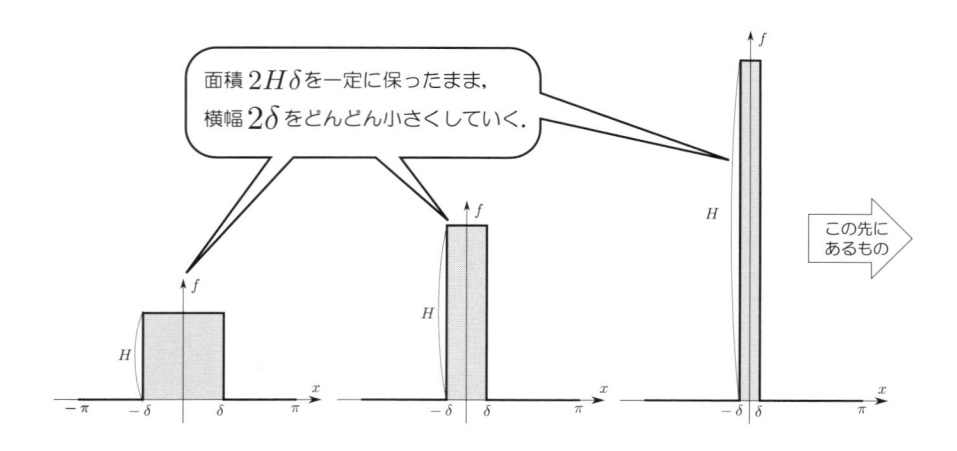

図 8.8 デルタ関数を作る

8.3 波の重ね合わせと不確定性関係

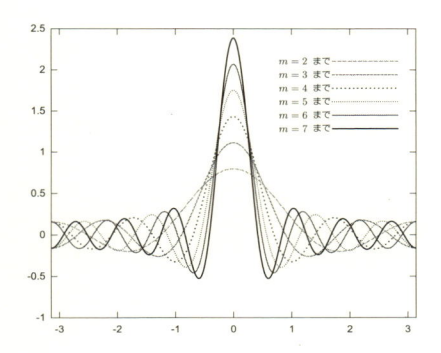

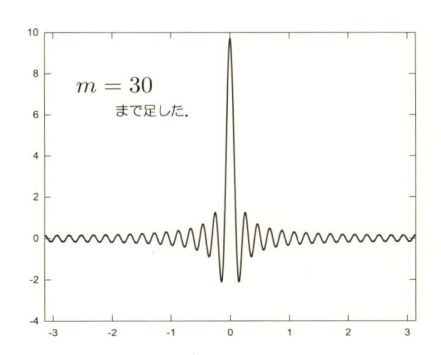

図 8.9　$\cos mx$ をどんどん足していく

いう変な関数になる．式(8.22)に $2H\delta = 1$ を代入して
→ p101

$$f(x) = \frac{1}{2\pi} + \frac{1}{\pi} \sum_{m=1}^{\infty} \frac{\sin m\delta}{m\delta} \cos mx \tag{8.25}$$

とする．極限 $\delta \to 0$ において $\dfrac{\sin m\delta}{m\delta} \to 1$ となるから，

$$f(x) = \frac{1}{2\pi} + \frac{1}{\pi} \sum_{m=1}^{\infty} \cos mx \tag{8.26}$$

がいま考えている極限の関数ということになる．

この関数を「**デルタ関数**」または「**ディラックのデルタ関数**」とよぶ．この作り方からわかるように，デルタ関数は以下の性質[*6]をもつ（演習問題**8.3**参照）．
→ p106

$$\int_a^b dx\, f(x)\delta(x) = \begin{cases} f(0) & (a < 0 < b \text{ のとき}) \\ -f(0) & (b < 0 < a \text{ のとき}) \\ 0 & (\text{それ以外}) \end{cases} \tag{8.27}$$

この $\displaystyle\sum_{m=1}^{\infty}$ の和を途中まで行った関数のグラフが図 8.9 である．

デルタ関数の表現は式 (8.26) 以外にもいろいろあるが，量子力学でよく使われる形は

$$\delta(x) = \frac{1}{2\pi} + \frac{1}{\pi} \sum_{m=1}^{\infty} \cos mx \tag{8.28}$$

[*6] むしろ，式 (8.27) をデルタ関数の定義とすることが多い．

$$\delta(x) = \frac{1}{2\pi} \sum_{n=-\infty}^{\infty} e^{inx} \tag{8.29}$$

$$\delta(x) = \frac{1}{2\pi} \int_{-\infty}^{\infty} e^{ikx} \mathrm{d}k \tag{8.30}$$

$$\delta(x) = \lim_{\epsilon \to 0} \frac{1}{\sqrt{\pi\epsilon}} \exp\left(-\frac{x^2}{\epsilon}\right) \tag{8.31}$$

などがある．このうち式(8.28)と式(8.29)は x の定義域が $[-\pi, \pi]$（あるいは $[0, 2\pi]$ など，周期 2π であればよい）であり，式(8.30)と式(8.31)は x の定義域が $[-\infty, \infty]$ である．

デルタ関数はクロネッカーのデルタの連続変数バージョンだ，といってもよい．

── 【補足終わり】

問　題

8.1 式(8.3)から式(8.7)までの式を証明せよ．この中には計算しなくてもわかるものもあるので，工夫して計算しよう． ヒント → p167 へ　　解答 → p181 へ

8.2 式(8.16)で F_n を求められることを示せ． ヒント → p167 へ　　解答 → p182 へ

8.3 デルタ関数が式(8.18)の $2H\delta = 1$ を保ちつつ $\delta \to 0$ の極限をとったもの，として定義されているとして，式(8.27)を満たすことを示せ．ただし式(8.27)に出てくる $f(x)$ は原点においてテイラー展開可能な関数であると仮定してよい． ヒント → p167 へ　　解答 → p182 へ

9 シュレーディンガー方程式と波動関数

9.1 シュレーディンガー方程式

いよいよわれわれは，量子力学の基本方程式といってよい**シュレーディンガー方程式**に到達する[*1]．

量子力学の初期段階において，量子化という作業の手がかりとなったのは，プランクの関係式からアインシュタインが光量子のエネルギーの式として出した

$$E = h\nu \tag{9.1}$$

と，ド・ブロイの関係式

$$p = \frac{h}{\lambda} \tag{9.2}$$

である．この2式は光や物質で一般に成立する．

しばらくは話を簡単にするため，y, z 座標のことは忘れて，1次元で（空間座標は x のみで）考えよう．振動数 ν で波長 λ をもち，x 軸の正方向へと伝播する波は複素数の表示を使って[*2]

$$\psi_\lambda(x,t) = e^{2\pi i(x/\lambda - \nu t)} \tag{9.3}$$

という式[*3]で表すことができる[*4]．ψ につけた添字 λ は「波長 λ の波ですよ」

[*1] 歴史的にはもちろん，もっと紆余曲折がある．とくにこの本ではハイゼンベルクの行列力学の流れについては完全に省略している．

[*2] この段階で複素数を使う理由は単に書き方が楽になることである．複素数を使うことが本質的であるということについては，10.6 節で説明する．
→ p130

[*3] 波動関数は ψ という文字を使って表現することが多い．ψ はギリシャ文字で，読み方は「プサイ」．

[*4] この指数関数の肩に乗っているものが $(i/\hbar) \times$（古典力学的作用）であり，解析力学とつながりのあるものであることを手がかりに，シュレーディンガーは方程式の形を決めている．

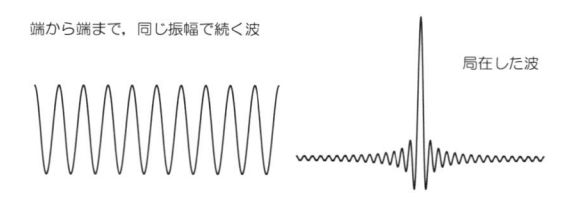

図 **9.1** 振幅が変わらない波と局在した波

ということを示している．

式(9.3) で表される波は宇宙の端から端まで同じ振幅で振動している波である．よって，この波は現実には存在しない波である．実際にこの世に存在している波はこれらの波のいろんな波長のものを足算したもの（結果として，特定の部分だけに局在している）になるであろう．

いまから作る方程式は線形同次方程式（変数に関して1次の量のみを含む方程式）であることを要求する．すなわち，求めたい関数 $\psi(x,t)$ が，

$$\underbrace{\left(\frac{\partial}{\partial x} と \frac{\partial}{\partial t} を含む微分演算子 + \psi を含まない量\right)}_{\text{以下 } \mathcal{D} \text{ と書く}} \psi(x,t) = 0 \tag{9.4}$$

という形の方程式を満たすとする．

線形同次であれば，解の重ね合わせができる．$\psi_1(x,t)$ という解と $\psi_2(x,t)$ という解を見つけたならば，$\alpha\psi_1(x,t) + \beta\psi_2(x,t)$（$\alpha, \beta$ は適当な定数）も解である．式で表現すると

$$(\mathcal{D}\psi_1(x,t) = 0 \quad \text{かつ} \quad \mathcal{D}\psi_2(x,t) = 0)$$
$$\text{ならば} \quad \mathcal{D}(\alpha\psi_1(x,t) + \beta\psi_2(x,t)) = 0 \tag{9.5}$$

ということになる．こうであるために重要なのは，微分を含む演算子が定数を「すり抜ける」（$\mathcal{D}\alpha\psi = \alpha\mathcal{D}\psi$）ことと，方程式が $\psi(x,t)$ の1次式であることである（たとえば $\mathcal{D}(\psi(x,t))^2 = 0$ という式ならこうはいかない）．

このように「解の線形結合はやはり解であること」を「**重ね合わせの原理**」(principle of superposition) とよぶ．電磁場や，音などの波には重ね合わせの原理が成立する[*5]．ここまで考えてきたことからすると，重ね合わせの原理は

[*5] たとえば浅い水の表面にできる波など，方程式が線形でなく重ね合わせの原理が成立し

9.1 シュレーディンガー方程式

量子力学でも成立していてほしいので,ここで「量子力学の基本方程式は線形同次であってほしい」と要求するわけである.

逆に重ね合わせの原理が満たされているならば,複雑な波も簡単な平面波の重ね合わせで表現できることになるので,とりあえず平面波をとりあげて考えていけばよいことになる.

「まず,いろんな波長 λ に対してそれぞれの $\psi_\lambda(x,t)$ を求めれば,その重ね合わせを作ることでさらにたくさんの解を作ることができるであろう」という戦略で進むわけである.

というわけで一つの関数 $\psi_\lambda(x,t) = e^{2\pi i[(x/\lambda) - \nu t]}$ を考えるわけだが,この関数の前では

$$p = \frac{h}{\lambda} \to -i\frac{h}{2\pi}\frac{\partial}{\partial x} = -i\hbar\frac{\partial}{\partial x} \tag{9.6}$$

$$E = h\nu \to i\frac{h}{2\pi}\frac{\partial}{\partial t} = i\hbar\frac{\partial}{\partial t} \tag{9.7}$$

というおき換えができる.

$$-i\hbar\frac{\partial}{\partial x}e^{2\pi i(x/\lambda - \nu t)} = -i\hbar \times \frac{2\pi i}{\lambda}e^{2\pi i(x/\lambda - \nu t)} = \frac{h}{\lambda}e^{2\pi i(x/\lambda - \nu t)} \tag{9.8}$$

$$i\hbar\frac{\partial}{\partial t}e^{2\pi i(x/\lambda - \nu t)} = i\hbar \times (-2\pi i\nu)e^{2\pi i(x/\lambda - \nu t)} = h\nu e^{2\pi i(x/\lambda - \nu t)} \tag{9.9}$$

となる.

ここまでは y,z 座標を無視して 1 次元的に考えてきたが,以下では y,z も入れて $\boldsymbol{x}$ として考えていこう.

古典力学においては,エネルギーはハミルトニアン $H(\boldsymbol{p},\boldsymbol{x})$ として,運動量や座標の関数として表された.量子力学におけるエネルギー $E = i\hbar\partial/\partial t$ も,同様に運動量や座標と関係づけられるはずである.その関係を,波動方程式の形で表したものがシュレーディンガー方程式なのである.

非相対論的な古典粒子の場合,$E = H = (1/2m)|\boldsymbol{p}|^2 + V(\boldsymbol{x})$ である[*6]から,そのような粒子を表す波は

$$\underbrace{i\hbar\frac{\partial}{\partial t}}_{E \text{ を表す部分}} \psi(x,t) = \underbrace{\left(-\frac{\hbar^2}{2m}\frac{\partial^2}{\partial x^2} + V(x)\right)}_{H \text{ を表す部分}} \psi(x,t) \tag{9.10}$$

ない場合もある.

[*6] 相対論的に考える場合は,$E^2 = |\boldsymbol{p}|^2 c^2 + m^2 c^4$ から式を作る.ただしこの方程式の物理的内容を解釈するには量子力学の範囲ではできない(量子場の理論が必要になる).

のような方程式を満たすと考えられる.

しばらく忘れていた y, z 座標を戻すと,

$$\underbrace{i\hbar\frac{\partial}{\partial t}}_{E \text{ を表す部分}}\psi(\boldsymbol{x},t) = \underbrace{\left[-\frac{\hbar^2}{2m}\left(\frac{\partial^2}{\partial x^2}+\frac{\partial^2}{\partial y^2}+\frac{\partial^2}{\partial z^2}\right)+V(\boldsymbol{x})\right]}_{H \text{ を表す部分}}\psi(\boldsymbol{x},t) \tag{9.11}$$

となるであろう.これがシュレーディンガー方程式である.この $\psi(\boldsymbol{x},t)$ は複素数で表され,「波動関数」とよばれる.

ここに $V(\boldsymbol{x})$ という位置エネルギーが入っていて,この場合にはもちろん $e^{i(\boldsymbol{k}\cdot\boldsymbol{x}-\omega t)}$ のような簡単な波は解にはならないことになる.ここに $V(\boldsymbol{x})$ が入っている意味については,9.2.2 項で考えるので,あと少し待ってほしい.
　　　　　　　　　　　　→ p112

【補足】────────────────────────────────この部分は最初に読むときは飛ばしてもよい.

より一般的には,解析力学の手法にのっとって,一般化座標 q_i とそれに対する運動量 p_i を使ってハミルトニアン $H(p_i,q_i)$ を書き下し,$p_i=-i\hbar\partial/\partial q_i$ とおき換えたうえで

$$i\hbar\frac{\partial}{\partial t}\psi(\boldsymbol{x},t) = H\left(-i\hbar\frac{\partial}{\partial q_i},q\right)\psi(\boldsymbol{x},t) \tag{9.12}$$

としたものが波動関数となる.一般化座標 q_i には,x,y,z のほか,θ,ϕ のような角度座標も入ってくる.たとえば直交座標での作用と極座標での作用は

$$\int dt\left(p_x\frac{dx}{dt}+p_y\frac{dy}{dt}+p_z\frac{dz}{dt}-H\right) \to \int dt\left(p_r\frac{dr}{dt}+p_\theta\frac{d\theta}{dt}+p_\phi\frac{d\phi}{dt}-H\right) \tag{9.13}$$

のように書ける.$i/\hbar \times$ (作用) が波動関数 $\psi(\boldsymbol{x},t)$ の exp の肩に乗っていると思えば,ϕ に対する運動量である角運動量 p_ϕ は,$-i\hbar\partial/\partial\phi$ のようにおき換えられることになる.その他の一般化座標も同様である.曲線座標に対する運動量の中には単純に $-i\hbar\partial/\partial X$ と表すことができない場合もあるので注意が必要である(が,本書の範囲を超えるのでこれ以上は述べない).

この考え方からすると,ボーアーゾンマーフェルトの量子化条件 $\oint pdq=nh$ は,以下のように考えることができる.$p=-i\hbar\partial/\partial q$ であり,波動関数が $e^{i(\text{位相})}$ という形で書けていると思えば,p はすなわち,$\hbar\partial(\text{位相})/\partial q$($-i$ と i が掛算されて消えた)である.これに dq を掛けて一周積分すれば,

$$\oint \hbar\frac{\partial(\text{位相})}{\partial q}dq = \hbar \times (1 \text{ 周の位相差}) = nh \quad \to \quad 1 \text{ 周の位相差} = 2n\pi \tag{9.14}$$

という式になる．すなわち，任意の道を 1 周したときに，波動関数の位相が 2π の整数倍だけ変化することを示している．$e^{2\pi i} = 1$ であるから，波動関数の値は変化してないことになる．ボーア–ゾンマーフェルトの条件は，波動関数の値が 1 価（一つの場所に一つの値しかないこと）であれという条件なのである．

【補足終わり】

9.2 粒子の運動とシュレーディンガー方程式

さて，こうして作った式はちゃんと「粒子の運動」を記述する式になっているだろうか？—以下でチェックしていき，次の章で「波動関数 $\psi(\boldsymbol{x}, t)$ とは何か？」を考えることにしよう．

9.2.1 運動量と波の位相速度・群速度

前節で，$\psi_\lambda(x, t) = e^{2\pi i(x/\lambda - \nu t)}$ とおいて考えていったが，この波は運動量 h/λ とエネルギー $h\nu$ をもつ粒子を表す，と考えた．とりあえず自由粒子の場合を考えることにして位置エネルギーは無視すれば，$h\nu = (1/2)mv^2$, $h/\lambda = mv$ という対応になっている．

ここで疑問を感じた人もいるかもしれない．この波は角振動数 $\omega = 2\pi\nu$，波数 $k = 2\pi/\lambda$ であるから，位相速度は，
$\rightarrow$ p26

$$v_p = \frac{\omega}{k} = \frac{2\pi\nu}{2\pi/\lambda} = \frac{h\nu}{h/\lambda} = \frac{(1/2)mv^2}{mv} = \frac{1}{2}v \tag{9.15}$$

となる．すなわち 1/2 倍，古典的な粒子の速度と一致しない．

ここでぜひ思い出してほしいのは，この解自体は，図 9.1 の「端から端まで同じ振幅で続く波」であり，「局在した波」ではないことである．$\psi_\lambda(x, t) = e^{2\pi i(x/\lambda - \nu t)}$ は，「波の局在点が動いていく」という状況を表現していないということである．
$\rightarrow$ p108

局在した波の塊（のピーク部分）が進む速度は群速度であり，ω と k の関係（分散関係）が与えられると，$d\omega/dk$ で計算される．いまの場合，
$\rightarrow$ p26

$$\hbar\omega = \frac{1}{2m}(\hbar k)^2 \tag{9.16}$$

という式があるので，両辺を k で微分して，

$$\hbar \frac{d\omega}{dk} = \frac{1}{m}\hbar^2 k \quad \text{より，} \quad v_g = \frac{d\omega}{dk} = \frac{\hbar k}{m} \tag{9.17}$$

と計算される．群速度を計算するとちゃんと [運動量 ($\hbar k$)/質量 (m)] という形になり，古典力学的意味での速度に一致するのである．

9.2.2 $V(x)$ の項の意味

2.3 節の冒頭で，「波動説と粒子説では速度に関して逆の現象を予言している」ことを述べた．具体的には図 9.2 の通りである．
→ p24

波動説のよる屈折の説明 — v_1 に比例，v_2 に比例，下の領域での方が遅い

粒子説のよる屈折の説明 — 下へと引っ張りこもうとする力，下の領域での方が速い

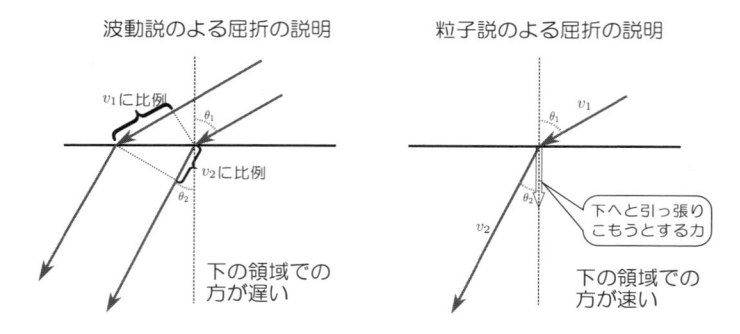

図 9.2 屈折の法則の二つの説明

図 9.2 のように曲がるとき，それが波であればホイヘンスの原理から $v_1 > v_2$（下の方が遅い）と結論されるが，それが粒子であれば，力が働いたのだから，と考えて $v_1 < v_2$（下の方が速い）と結論される．

では，電子のような粒子が実は波動でもある，というとき，このどちらが起こるのであろうか——実は位相速度に関しては「下の方が遅い」であり，群速度に関しては「下の方が速い」となるのである．それを確認しよう．

ここで，下の領域へと引っ張り込もうとする力が働くことは，下の領域より上の領域の方が位置エネルギーが大きいことである．よってシュレーディンガー方程式に現れる位置エネルギー $V(\boldsymbol{x})$ は上では V_0（正の定数），下では 0 とおくことができる．つまりいま考えているシュレーディンガー方程式は上の領域では，

$$i\frac{\partial}{\partial t}\psi(\boldsymbol{x},t) = \left[-\frac{\hbar^2}{2m}\left(\frac{\partial^2}{\partial x^2}+\frac{\partial^2}{\partial y^2}+\frac{\partial^2}{\partial z^2}\right)+V_0\right]\psi(\boldsymbol{x},t) \quad (9.18)$$

であり，下の領域では

9.2 粒子の運動とシュレーディンガー方程式   113

$$i\frac{\partial}{\partial t}\psi(\boldsymbol{x},t) = -\frac{\hbar^2}{2m}\left(\frac{\partial^2}{\partial x^2} + \frac{\partial^2}{\partial y^2} + \frac{\partial^2}{\partial z^2}\right)\psi(\boldsymbol{x},t) \tag{9.19}$$

となっていることになる．各々の領域での平面波解は，

$$\text{上の領域：} e^{i\boldsymbol{k}\cdot\boldsymbol{x}-i\omega t} \quad \text{ただし，} \quad \frac{(\hbar k)^2}{2m} + V_0 = \hbar\omega \tag{9.20}$$

$$\text{下の領域：} e^{i\boldsymbol{k}'\cdot\boldsymbol{x}-i\omega t} \quad \text{ただし，} \quad \frac{(\hbar k')^2}{2m} = \hbar\omega \tag{9.21}$$

となる（k, k' はそれぞれ $\boldsymbol{k}, \boldsymbol{k}'$ の絶対値である）[*7]．

式 (9.20) と式 (9.21) を見比べると，$V_0 > 0$ なら $k < k'$ である．ω が同じなのだから，位相速度に関しては $\omega/k > \omega/k'$ となって，上の領域の方が速い．

この波が平面波ではなく，いくつかの波数をもった波の重ね合わせであり，ω が波数の関数となっていたとする．式 (9.20) を k で微分すると

$$\frac{\hbar^2 k}{m} = \hbar\frac{\mathrm{d}\omega}{\mathrm{d}k} \tag{9.22}$$

となり，群速度 $\mathrm{d}\omega/\mathrm{d}k$ は $\hbar k/m$ である（定数 V_0 は微分によって消えることに注意）．$V(x) = 0$ であれば位相速度は群速度の 1/2 であるが，$V(x) \neq 0$ ではそういう単純な関係にはならない．一方，群速度はつねに 運動量/質量 になる．

また，式 (9.21) を k' で微分すると

$$\frac{\hbar^2 k'}{m} = \hbar\frac{\mathrm{d}\omega}{\mathrm{d}k'} \tag{9.23}$$

となり，群速度 $\mathrm{d}\omega/\mathrm{d}k'$ は $\hbar k'/m$ である．ということは群速度に関しては $\hbar k/m <$

表 9.1

	位置エネルギー	運動エネルギー	運動量	位相速度	群速度
上	V_0	$\dfrac{(\hbar k)^2}{2m}$	$\hbar k$	$\dfrac{\omega}{k}$	$\dfrac{\hbar k}{m}$
	∨	∧	∧	∨	∧
下	0	$\dfrac{(\hbar k')^2}{2m}$	$\hbar k'$	$\dfrac{\omega}{k'}$	$\dfrac{\hbar k'}{m}$

[*7] ここでは，上と下で振動数は変わらないとした．波動として考えると屈折によって振動数が変わることはないし，粒子として考えると位置エネルギーも含めた全力学的エネルギーが保存するので，振動数が変わらないと考えるのはもっともである．

$\hbar k'/m$ となって，下の方が速い．表にしてまとめよう．

ここでは $V(\boldsymbol{x})$ がある面の上と下で違う場合を考えたが，$V(\boldsymbol{x})$ が連続的に変化するような場合でも同じようなことが起こると考えれば，シュレーディンガー方程式に $V(\boldsymbol{x})\psi(\boldsymbol{x},t)$ という項がついていることの意味がわかってくる[*8]．シュレーディンガー方程式でも，古典力学でもおなじみの「位置エネルギーが大きいところでは運動エネルギーが小さい」という現象が実現しているのである．

9.3 演算子と固有値

平面波の場合で考えると[*9]，運動エネルギーを表す項は，

$$-\frac{\hbar^2}{2m}\frac{\partial^2}{\partial x^2}\underbrace{e^{2\pi i(x/\lambda-\nu t)}}_{\psi(x,t)} = \underbrace{\frac{1}{2m}\left(\frac{2\pi\hbar}{\lambda}\right)^2}_{\text{古典力学的運動エネルギー}} e^{2\pi i(x/\lambda-\nu t)} \qquad (9.24)$$

という形になっている．

なお，ここで「古典力学的運動エネルギー」とよんでいる量は，左辺では

$$\underbrace{-\frac{\hbar^2}{2m}\frac{\partial^2}{\partial x^2}}_{\text{この部分}} e^{2\pi i(x/\lambda-\nu t)} = \frac{1}{2m}\left(\frac{2\pi\hbar}{\lambda}\right)^2 e^{2\pi i(x/\lambda-\nu t)} \qquad (9.25)$$

に対応するが，$-(\hbar^2/2m)(\partial^2/\partial x^2)$ は微分演算子であって，それだけでは数量としての意味がない（後ろにある $e^{2\pi i(x/\lambda-\nu t)}$ と組み合わされて初めて，「計算できる量」となる）．このように，

$$\underbrace{-\frac{\hbar^2}{2m}\frac{\partial^2}{\partial x^2}}_{\text{演算子}}\underbrace{e^{2\pi i(x/\lambda-\nu t)}}_{\text{関数}} = \underbrace{\frac{1}{2m}\left(\frac{2\pi\hbar}{\lambda}\right)^2}_{\text{数値}}\underbrace{e^{2\pi i(x/\lambda-\nu t)}}_{\text{左辺と同じ関数}} \qquad (9.26)$$

[*8] 前に「落体の運動は屈折である」と述べたことを思い出そう．位置エネルギーが大きく
→ p83
なる場所で波長が長くなることが，物質波を「モノが落ちる」方向へと曲げる，すなわち位置エネルギーが小さくなる方向へ物体が進もうとする物理現象が現れる理由であった．

[*9] 一般に $V(x)$ が x の関数である場合には，波長 λ が場所によって変化することになるので，波動関数は $e^{2\pi i(x/\lambda-\nu t)}$ という単純な形にはならない．よってこの辺りの議論は，「ある程度の雰囲気をつかむためのお話」として，厳密でないことを了解したうえで読んでほしい．

9.3 演算子と固有値

となっているとき，この「関数」は「演算子」に対する「固有関数」になっているといい，この「数値」を「**固有値**」とよぶ．さらにこの方程式は「**固有値方程式**」とよばれる[*10]．

そもそも，この章の最初で式(9.8)と式(9.9)を使ってエネルギーや運動量を演算子におき換えるというところから話を始めたが，これらの式も

$$(9.8) \to \underbrace{-i\hbar\frac{\partial}{\partial x}}_{\text{演算子}}\underbrace{e^{2\pi i(x/\lambda - \nu t)}}_{\text{固有関数}} = \underbrace{\frac{h}{\lambda}}_{\text{固有値}}\underbrace{e^{2\pi i(x/\lambda - \nu t)}}_{\text{固有関数}} \qquad (9.27)$$

$$(9.9) \to \underbrace{i\hbar\frac{\partial}{\partial t}}_{\text{演算子}}\underbrace{e^{2\pi i(x/\lambda - \nu t)}}_{\text{固有関数}} = \underbrace{h\nu}_{\text{固有値}}\underbrace{e^{2\pi i(x/\lambda - \nu t)}}_{\text{固有関数}} \qquad (9.28)$$

のような固有値方程式である．

ある系の波動関数が固有関数で表現されているとき，その系が「固有状態」にあるという．たとえば e^{ikx} は運動量の固有状態であり，その固有値は $\hbar k$ である．量子力学における系は不確定性関係を免れることはできないため，運動量や座標にはつねに不確定性が伴うのであるが，固有状態であることは対応する物理量が確定した値をもつことを意味する．前ページの脚注*9で書いたように，位置エネルギー $V(x)$ が場所によって変化する場合は，シュレーディンガー方程式の解である波動関数は運動量の固有状態や運動エネルギーの固有状態にはならない．

われわれは古典力学で「粒子の位置や運動量が一つに決まっている状態」に慣れているため，固有状態を見たとき「運動量（あるいはエネルギー）が決まった値をもつことは，これが古典力学で使われていた系の状態なのだろう」と錯覚してしまいがちである．しかし，実際はこの固有状態という状態はむしろ古典力学的な系では決して出てこない状態であることに注意しなくてはいけない（演習問題**9.2**を参照）．

運動量にとっての「固有状態」は上のような関数であるが，位置にとっての固有関数は，前に説明した「デルタ関数」がそれに対応する．デルタ関数もまた「粒子が一点にいる」と解釈できるため，ついつい「デルタ関数＝古典力学的状態」と勘違いされやすいが，もちろんそうではない．

[*10] 歴史的事情から，英語の本でも，これらの「固有」はドイツ語である eigen（発音は仮名書きするとアイゲン）を使う．固有関数は eigen function, 固有値は eigen value.

9 シュレーディンガー方程式と波動関数

　固有値と，実際測定される物理量との関係は第 11 章で考えよう．
→ p135

　シュレーディンガーが最初にシュレーディンガー方程式を立てた後にやったことは，$V(\boldsymbol{x})$ として水素原子核のまわりにある電子の位置エネルギー $-ke^2/r$ を入れて解くことであった．当然この場合の解は平面波よりもずっと複雑な関数となる[*11]．

問　題

9.1 シュレーディンガー方程式 $i\hbar(\partial/\partial t)\psi(\boldsymbol{x},t) = H\psi(\boldsymbol{x},t)$ を満たす波動関数 $\psi(\boldsymbol{x},t)$ が $\psi(\boldsymbol{x},t) = \phi(\boldsymbol{x})e^{-i\omega t}$ と書けるとき，$\phi(\boldsymbol{x})$ が満たすべき方程式を求めよ．
　この方程式は「定常状態のシュレーディンガー方程式」とよばれる．
　このとき，$\psi^*(\boldsymbol{x},t)\psi(\boldsymbol{x},t)$ が時間によらないことを示せ．また，エネルギーの原点をずらしても $\psi^*(\boldsymbol{x},t)\psi(\boldsymbol{x},t)$ には影響がないことを確かめよ．
ヒント → p167 へ　　解答 → p183 へ

9.2 平面波解 $\psi(\boldsymbol{x},t) = Ae^{i(\boldsymbol{k}\cdot\boldsymbol{x}-\omega t)}$ においては，$\psi^*(\boldsymbol{x},t)\psi(\boldsymbol{x},t)$ が場所によらないことを示せ．なぜこのようになるのかを，不確定性関係から説明せよ．
ヒント → p167 へ　　解答 → p183 へ

[*11] 本書は「入門」なので，実際にこの式を解くという作業はやらない（かなり面倒な計算が必要である）．

10 波動関数の収縮と確率解釈

前章でシュレーディンガー方程式ができたが,ではこの方程式の解となる,$\psi(\boldsymbol{x},t)$ とはいったい何なのか.波であることはよいとして,その「波」の変位である $\psi(\boldsymbol{x},t)$(複素数なので,単純な「変位」とはいいがたいが)と,「粒子」とはどう関係するのであろうか??

10.1 波動関数の意味

まず,「波動関数 $\psi(\boldsymbol{x},t)$ が表しているのは,複数の粒子の数密度を表現したものではない」ことを確認しておこう.そもそも $\psi(\boldsymbol{x},t)$ は負にもなる数(それどころか複素数である!)であるから,正にしかならない「密度」を表現する量にはなりえない!

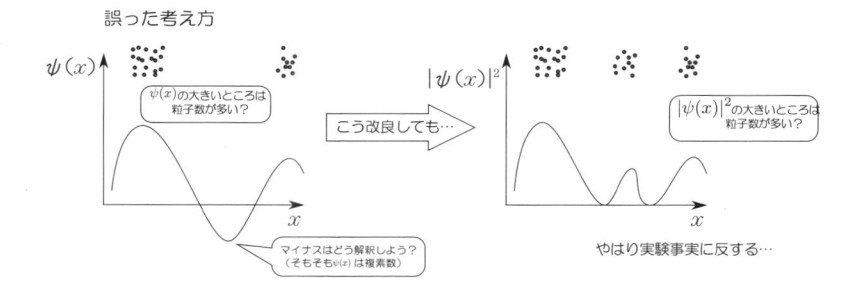

図 10.1 波動関数は「粒子の密度」ではない

では,「自乗したら正になるだろう」と $(\psi(\boldsymbol{x},t))^2$ とすればよいかというと,$\psi(\boldsymbol{x},t)$ は複素数であるので,自乗して正になるとは限らない(たとえば,$i^2 = -1$).絶対値の自乗 $(|\psi(\boldsymbol{x},t)|^2)$ にすれば必ず正である.では,これを数密度と考えるのはどうであろうか—なるほど,「負になる」「複素数になる」という

弱点はなくなるものの，これでは粒子が 1 個しかないとき，$\psi(\boldsymbol{x},t)$ には何の意味もないことになってしまう．ところが，粒子が 1 個しかなくても，$\psi(\boldsymbol{x},t)$ にはちゃんと意味があるのである．

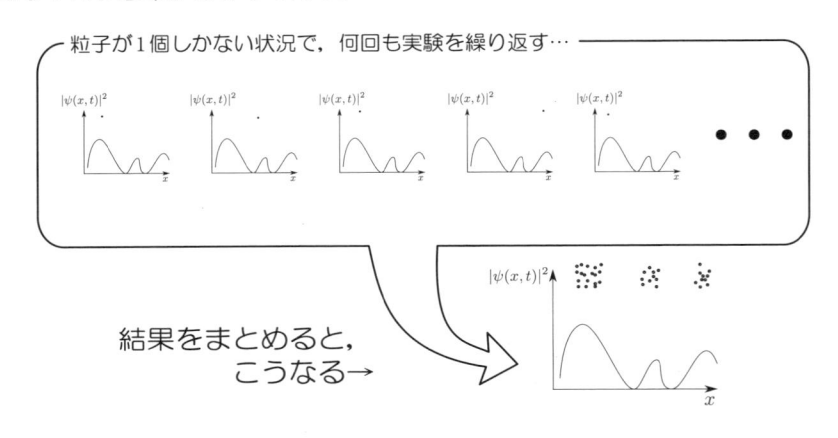

図 10.2　粒子 1 個による実験を何回もくり返す

　実際には，図 10.1 に示したような波動関数で表現される（1 粒子の）状態をたくさん用意して実験を行ったとすると，実験のたびに違うところで粒子が発見されるが，その結果をまとめると図 10.2 のように，$|\psi(\boldsymbol{x},t)|^2$ が粒子がそこで観測される確率を表現している．

　電子などの粒子を使って光の場合のヤングの実験と同様の実験を行う，ということも現在では可能である[*1]．この場合も，電子は 1 個ずつやってくるにもかかわらず，ちゃんと干渉縞が観測される．ヤングの実験は二つに別れて別経路を進んだ波がもう一度スクリーン上で出会って干渉しあうことが本質的である．よって，「電子でヤングの実験ができる」ことは，電子の波動関数が「二つの経路を通った波の重ね合わせ」として存在することを示しているし，これ以外の解釈ができようとは思えない．たとえば次の図 10.3 のような実験を考えてみる．これは電子を結晶などに当て，その回折を見ている．反射し回折した電子が二つの方向で確認されたとする[*2]．電子の数が多ければ，波動としての電子線でも，粒子の集まりとしての電子線でも，起こることは「2 方向に電子線が

[*1]　C_{60} のような巨大な分子を使ってヤングの実験を行うことすら可能である．
[*2]　実際の実験ではこんな単純な状況にはならないであろうが，説明のための簡略化である．

やってきた」というだけのことである．しかし，電子の数を減らして1個だけがやってきた状況を考えると，まさか電子が二つに割れたりはしないので（もちろん電子が割れたという実験結果があるはずもない！），電子は「どちらか一方に1個やってくる」ということが起こる．「1個なら干渉は起きないだろう」という直観は裏切られるのである．

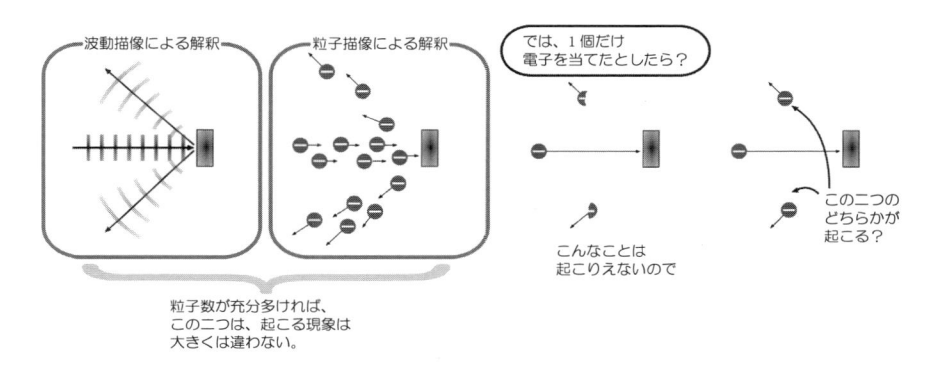

図 10.3　波動関数は何を表す？

「干渉」は電子1個でも起こっているのであり，「たくさんあるものが互いに作用を及ぼしあった結果として干渉する」という考え[*3]は捨てなくてはいけない．

波動関数の絶対値の自乗 $|\psi(\bm{x},t)|^2$ を「粒子がたくさんいて，そのたくさんいる粒子の密度を表すもの」と考えるのは実験にそぐわない．粒子が1個しか存在しない場合でも，$|\psi(\bm{x},t)|^2$ にはちゃんと物理的意味があるように解釈をする必要がある．

10.2　光の場合と比較する

電子などの粒子の場合について考える前に，光のヤングの実験を思い出し，そこからの類推を手がかりにしよう．ヤングの実験では，光すなわち電磁波が重ね合わされた結果の干渉により，干渉縞ができる．電場 $\bm{E}_1$ と電場 $\bm{E}_2$ が重なると $\bm{E}_1 + \bm{E}_2$ という電場ができる．この電場のもつエネルギー密度は

[*3] もちろん，量子力学ができた当初，こういう考え方で説明しようという試みはたくさんあったのだが，現実を説明できるものとはならなかった．

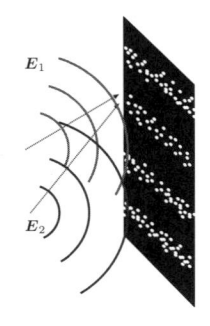

$$\frac{1}{2}\varepsilon_0 \left(\boldsymbol{E}_1 + \boldsymbol{E}_2\right)^2$$
$$= \frac{1}{2}\varepsilon_0 \left(\boldsymbol{E}_1\right)^2 + \frac{1}{2}\varepsilon_0 \left(\boldsymbol{E}_2\right)^2 \underbrace{+ \varepsilon_0 \boldsymbol{E}_1 \cdot \boldsymbol{E}_2}_{\text{干渉項}} \quad (10.1)$$

となる．最後の項が二つの電場が重なったことによって強めあったり弱めあったりする効果の表れる項である（磁場に関しても同様の式が成立するが省略した）．古典電磁気学で考えれば，この干渉項がプラスとなる部分は強い光となり，マイナスとなる部分は弱い光となる．この電場や磁場はたくさんの光子によって作られているものである．この「古典力学的描像」であるところの電場・磁場と，「量子力学的描像」であるところの光子とは，いったいどのような関係にあるだろうか？

まず，電場 $\boldsymbol{E}$ や磁場 $\boldsymbol{B}$ は光子の数とは直接に結びつかない．電場・磁場はどちらもベクトル量（向きや正負がある）であり，光子の数という，負にならないスカラー量とは結びつかない．

ここで，光子は 1 個あたり $h\nu$ というエネルギーをもっていたことを思い起こそう．光の場合，エネルギー密度は $\rho h\nu$ というふうに，光子の個数密度 ρ と光子 1 個あたりのエネルギー $h\nu$ の積として書くことができるだろう．一方，電磁場のもつエネルギー密度は古典力学的には $(\varepsilon_0/2)(\text{電場})^2 + (\mu_0/2)(\text{磁場})^2$ であった．この量が光子の個数と結びつく．

つまり，電磁場の場合は電磁場のうちある振動数をもつ成分について，

$$\frac{\varepsilon_0}{2}(\text{電場})^2 + \frac{\mu_0}{2}(\text{磁場})^2 \propto (\text{光子数の密度}) \quad (10.2)$$

のような関係が成立している．

この式は，光子がたくさんある場合について，その密度と古典的な電場・磁場の関係を示した式となる．

しかし，光子が一度に 1 個ずつしかこないような状況でも，干渉は起こる．それは，非常に弱い光を使った実験で確認されている．

上の式を文字通り「光子がたくさんある場合の数密度」と解釈すると，このような実験の結果は説明できないことに注意しよう．1個だけの光子を使ってヤングの実験を行ったとしよう．そうすればスクリーンの上には1個だけ感光する点が現れるだろう．この場合の古典的電磁場は何を表すのだろう？——光子の数密度ではない．

そこで，光子が1個しかないような場合にでも適用できるように，$(\varepsilon_0/2)|\boldsymbol{E}|^2 + (\mu_0/2)|\boldsymbol{B}|^2$ という量は「光子がその場所に来ている確率」に比例していると考える．光子がたくさんいるならば，この量は数密度に比例していることはもちろんである．われわれが通常目にする状況では，電場や磁場は非常にたくさんの数の光子で作られている[*4]．

われわれはたまたま光については波動的描像を先に知ったし，電子については粒子的描像を先に知った．実は光も電子も両方の性質をもっているのだから，電子の波動的描像を表す実体が必要となってくる．それが波動関数である．

光と物質粒子（たとえば電子）の，粒子的・波動的描像での表現をまとめると表のようになる．

表 10.1

粒子的描像	波動的描像	基本方程式
光子 (エネルギー $h\nu$)	電場，磁場 ($\boldsymbol{E}, \boldsymbol{H}$)	マクスウェル方程式
物質粒子 $\left(\text{エネルギー} \frac{1}{2}mv^2 + V\right)$	波動関数 ($\psi(\boldsymbol{x},t)$)	シュレーディンガー方程式

この対応関係を信じて，波動関数 $\psi(\boldsymbol{x},t)$ と粒子の数密度の間には，電磁場の場合の式(10.2)からの類推で，
→ p120

$$(\psi(\boldsymbol{x},t) \text{ の実部})^2 + (\psi(\boldsymbol{x},t) \text{ の虚部})^2 \propto (\text{粒子の数密度}) \tag{10.3}$$

のような関係が成立するだろうと考える．電場 $\boldsymbol{E}$ や磁場 $\boldsymbol{B}$ が光子の数と直接結びつかなかったことと同様に，$\psi(\boldsymbol{x},t)$ そのものを粒子数密度と考えることはできない．$\psi(\boldsymbol{x},t)$ はプラスになったりマイナスになったり（どころか複素数に

[*4] ここでは電場・磁場と波動関数との類似性を手がかりに話を進めているが，通常「電場・磁場」と見なされるものはたくさんの光子の集まりであり，1個の粒子の話をしているときとは本質的に異なることには注意しておかなくてはいけない．

もなったり）する関数であるから，粒子数という絶対負にならない実数と直接に結びつかない．実際電子波の散乱実験で「電子が干渉によって消しあう」という現象が起こっていることを思い起こそう[*5]．

ここで，$\psi(\boldsymbol{x},t) = \psi_R(\boldsymbol{x},t) + i\psi_I(\boldsymbol{x},t)$（$\psi_R(\boldsymbol{x},t), \psi_I(\boldsymbol{x},t)$ はどちらも実数）と書けば $\psi^*(\boldsymbol{x},t) = \psi_R(\boldsymbol{x},t) - i\psi_I(\boldsymbol{x},t)$ を使って，

$$\psi^*(\boldsymbol{x},t)\psi(\boldsymbol{x},t) = (\psi_R(\boldsymbol{x},t) + i\psi_I(\boldsymbol{x},t))(\psi_R(\boldsymbol{x},t) - i\psi_I(\boldsymbol{x},t))$$
$$= (\psi_R(\boldsymbol{x},t))^2 + (\psi_I(\boldsymbol{x},t))^2 \tag{10.4}$$

のように，$(\psi(\boldsymbol{x},t)$ の実部$)^2 + (\psi(\boldsymbol{x},t)$ の虚部$)^2$ を $\psi^*(\boldsymbol{x},t)\psi(\boldsymbol{x},t)$ と書くことができる．これは複素数 $\psi(\boldsymbol{x},t)$ の絶対値の自乗になっている（R, θ を実数として，$\psi(\boldsymbol{x},t) = Re^{i\theta}$ と書いたならば，$\psi^*(\boldsymbol{x},t)\psi(\boldsymbol{x},t) = (Re^{-i\theta})(Re^{i\theta}) = R^2$）．

その証拠に，実際に1個の粒子を見つけようとすると，どこか一点に見つかる（ヤングの実験であれば，スクリーンのどこか1か所だけが感光する）．そして波動関数はその粒子が見つかる確率を表しているのである．ヤングの実験において「明」となるポイントは見つかる確率が高い（波動関数の絶対値の自乗が大きい）．「暗」となるポイントは見つかる確率が低い（波動関数の絶対値の自乗が小さい）．光に対するヤングの実験の場合の波動関数に対応するのは電場と磁場である．光を電磁波と考えたとき，電場と磁場が強くなっているところは「光子が到着する確率が高い場所」なのである．

シュレーディンガー本人は，電子などの粒子が実際に広がっていて，$|\psi(\boldsymbol{x},t)|^2$ は密度そのものだと考えたかったらしい．ゆえに彼は確率密度という解釈には反対していた．しかし，$\psi(\boldsymbol{x},t)$ を実体のともなった密度のようなものだとすると，波を分割することで「電子 (1/2) 個」が作れてしまうことになるが，そんな現象は決して起こらない．電子を金属結晶で散乱させるような場合を考えてシュレーディンガー方程式を解いて $\psi(\boldsymbol{x},t)$ を求めたとしよう．たくさんの電子で実験すると，たしかに $|\psi(\boldsymbol{x},t)|^2$ が電子がやってくる数に比例している．

[*5] 大事なことなので確認しておくが，このような干渉が起こったところを見て「エネルギーが保存してない」などと思ってはいけない．波はつねにある程度の広がりをもち，その広がりの中である場所が弱めあうなら，他に強めあう場所が必ずある．トータルのエネルギーは決して増えも減りもしない．電子などの粒子の数に関しても同様である．

たとえば、
この波動関数

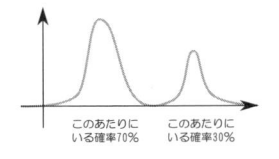

このあたりに
いる確率70%
このあたりに
いる確率30%

と同じ「状態」をたくさん
用意できたとしよう。

100個用意して……

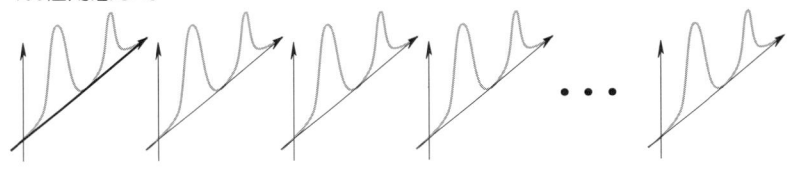

「粒子はどちら側にいるか？」という実験を100回したとしたら、
70回は左側、30回は右側で見つかることであろう（統計的誤差は除いての話）

図 10.4　確率解釈の意味すること

10.3　確率解釈と波動関数の収縮

ここまで述べてきたように、「波動関数は、たくさんある粒子のうち何個がここにあるかを表している」という考え方は正しくなく、

―― 確率解釈 ――
波動関数はその絶対値の自乗 $\psi^*(\boldsymbol{x},t)\psi(\boldsymbol{x},t)$ が、1個の粒子が見つかる確率の密度を表しているような関数である。

と考えなくてはならない。**確率解釈**はボルンによって始められて、ボーアら、コペンハーゲンにいた物理学者たちによって支持されて広まったため、「**コペンハーゲン解釈**」ともよばれる。

以上から、(古典力学的世界に安住したい人にとっては) とても残念なことが判明した。波動関数を計算しただけでは、「1個の粒子がどこにいるか」はわからないのである。

【補足】―――――――――――――――――この部分は最初に読むときは飛ばしてもよい。
　この考え方に対し、「いや、ほんとうは粒子がどこにいるのかは決定しているのだが、量子力学では計算できないだけだ。量子力学よりもよい理論ができれば、1個の粒子に対してもどこにいるかを決定できる」と考える人もいる。この「量子力学よりよい理論」は「**隠れた変数の理論**」とよばれる。その「隠れた変数」を知ればちゃん

と粒子がどこにいるのかがわかるはずだ、という考え方である．

しかし残念なことに「隠れた変数」にあたる物理量が超光速で伝播すると考えなければ、実験的に矛盾しない理論を作ることもできないことがわかっている．逆にいえば超光速で伝播するようなものを考えれば「隠れた変数」理論が作れるわけだが、そのようなものを考えるのは不自然だと感じる人が多い．人が何を「不自然」と感じるかは人の感性であるから、どのような解釈を取るかは（違う解釈が違う理論的予測を与えないならば）自由ではあるが、「隠れた変数」理論の旗色は悪い．

【補足終わり】

波動関数の絶対値の自乗 $\psi^*(\boldsymbol{x},t)\psi(\boldsymbol{x},t)$ は、その場所に粒子がやってくる確率に比例する．「比例」ではなく厳密に「単位体積あたりの確率」すなわち「確率密度」にするためには、

$$\int_{考えている全空間} \psi^*(\boldsymbol{x},t)\psi(\boldsymbol{x},t)\mathrm{d}^3\boldsymbol{x} = 1 \tag{10.5}$$

となるようにしておけばよい（これはすなわち「全確率が1」ということ）[*6]．このようにすることを**規格化**（normalization）という．具体的には、もし

$$\int_{考えている全空間} \psi^*(\boldsymbol{x},t)\psi(\boldsymbol{x},t)\mathrm{d}^3\boldsymbol{x} = N \tag{10.6}$$

となったならば、

$$\psi_\text{新}(\boldsymbol{x},t) = \frac{1}{\sqrt{N}}\psi(\boldsymbol{x},t) \tag{10.7}$$

として新しい $\psi_\text{新}(\boldsymbol{x},t)$ を作ればよい．

量子力学では、波動関数が与えられても、「粒子がどこにいるか」は判定できない．「このあたりにいる確率は80%」というような曖昧な予測しかできないことになる．そのような予測しかできないのは「観測機器が悪いから」とか「誤差が入ってくるから」というような二次的な理由からではない．前に述べた不確定性関係が「観測するから不確定になる」というものではなかったように、この予測不可能性は本質的なものなのである．

[*6] ここで、この積分記号 $\mathrm{d}^3\boldsymbol{x}$ について注意．この記号は $\mathrm{d}^3\boldsymbol{x}$ とベクトルのふりをしているが、その意味するところは $\mathrm{d}^3\boldsymbol{x} = \mathrm{d}x\mathrm{d}y\mathrm{d}z$ という「3成分の掛算」である．線積分などで使われる $\mathrm{d}\boldsymbol{x}$（添字3がない）がベクトルであることと区別しなくてはいけない．

―【よくある質問】そんなものを計算して意味があるんでしょうか？―

「確率しか計算できない」と聞いて「それじゃあつまらない」と思う人もいるようだが，実はそれでも十分意味がある．まず当然であるが，「確率さえ計算できないよりはずっとよい」ということ．古典力学が確定的な計算ができるのは「近似」をしているからであって，厳密さが犠牲になっているのだから，「古典力学の方がよい予言をする」とはいえないことにも注意しよう．

そしてもう一つ，波動関数が計算できることによって単に「粒子の存在確率」だけではない，いろいろなものが計算できること．

たとえば，なぜ原子核のまわりの電子がボーアの量子条件を満たすように存在するのか？――という問題はシュレーディンガー方程式を ($V(x)$ のところに原子核のまわりの電子の位置エネルギーを入れて) 解くことで解決する．
→ p69

10.4 波動関数の収縮

さて，ここでもう一つ，大事なことを述べておかなくてはいけない．図 10.4 で，「観測してみると電子はどちらか片方で 1 個見つかる」などと述べたが，では観測したあと，波動関数はどう変化しているのであろうか？？
→ p123

(古典力学的常識からすれば) 非常に不思議なことではあるが，結果として，図 10.5 に示したように，「片方にだけ粒子の存在確率があるような波動関数」へと変化する．観測前は二つの可能性があった[*7]のに，観測が片方の可能性を

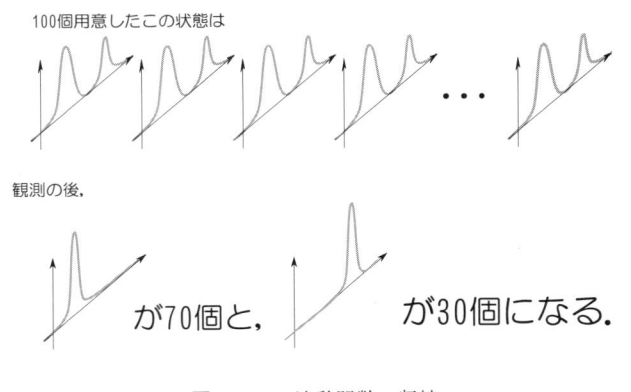

100個用意したこの状態は

観測の後，

が70個と，　　　が30個になる．

図 10.5　波動関数の収縮

[*7] なお，「二つの場所のどちらかで見つかる」というふうに話を単純化して述べているが，実際実験するならば，実験の精度の限りにおいて粒子の位置は細かく決定できることになる．ただし，精度を上げるのには不確定性関係からくる制約がある．

消してしまうことになる．この変化を「**波動関数の収縮**」とよぶ．

　この収縮は「一瞬にして波動関数の状態が変化してしまう」という不連続な変化であると考えられる．シュレーディンガー方程式の左辺に現れる波動関数の時間微分は $\lim_{\Delta t \to 0}(\Delta\psi/\Delta t)$ のように計算されるが，収縮が起こるときには Δt が 0 である（あるいは 0 に非常に近い）のに $\Delta\psi$ は 0 ではない．

　ゆえに，収縮はけっしてシュレーディンガー方程式では記述できない時間変化なのである．よって，このようにして波動関数が（確率的に）収縮することは，シュレーディンガー方程式とは別の，量子力学の基本原理の一つとして要請しておかなくてはいけない．これを「**射影仮説**」とよぶ．

　ここで，もう一度まとめておく．量子力学では古典力学のように「粒子はどこにいる」と断言することができないのだが，その理由は二つある．

―――― 不確定性関係 ――――
波動関数で表される量子状態では，粒子の位置や運動量が確定していない

という点と，

―――― 射影仮説 ――――
観測したときにいろんな波動関数の中から観測される物理量に対応した一つの状態が確率的に選ばれる

という点である．この二つは違う種類のものであることは理解しておかなくてはいけない．

　第一の問題点である「波動関数で表される量子状態では，粒子の位置や運動量が確定していない」だけが存在しているのであれば，われわれは少なくとも「波動関数がどういう状態にあるか」という点は完全に予言できる．その波動関数の状態から「位置」や「運動量」という古典力学で馴染みのある物理量を取り出すときに苦労するだけのことで，「波動関数が予言できれば物理が予言できるのだ」と考えれば，理論の予言能力自体は問題ない．

　ところが，後者の「観測したときにいろんな波動関数の中から一つの状態が確率的に選ばれる」という問題点が加わることで，問題の深刻さは劇的に大きくなるのである．これは波動関数が収縮する前に「どこに収縮するか」を予言することは不可能であるという主張であり，量子力学ではある現象が起こる確率しか計算できないことを意味するのである．

10.4 波動関数の収縮

量子力学で計算できるのが確率だけであることには昔から批判が多かった．アインシュタインの「神はサイコロを振らない」という言葉は有名である．

「いったいいかなるメカニズムで波動関数は収縮するのか？」と考えることは重要な問題であるが，(はまってしまうと抜け出せない問題でもあるので，) そちらに進むのは得策ではない．とりあえず現在 '量子力学入門' 中の人が考えるべきことは，「確率解釈と波動関数の収縮を仮定して作った量子力学は，現実を矛盾なく記述できているのか？？」という問題である．幸いなことに，いろんな実験から確率解釈が妥当であること，少なくとも実験結果を説明するには十分であることは確認されている[*8]．量子力学を批判したアインシュタインも，量子力学が十分有用なものであることは認めている（サイコロを振らないといったからといって，量子力学を全否定しているわけではない）．

このように量子力学というのは，ある意味われわれの常識からは考えられないような現象を扱うものである．だが，このような「一般常識が通用しない」が「しかし真実」であったことは科学においてはこれまでもいくらでもある．たとえば「太陽が地球のまわりを回っている」という常識は地動説にとって代わったし，「物体が運動しているときはその物体に力が働いている」という常識は慣性の法則によって間違いであることがわかった．

われわれの住んでいる世界は，われわれが目で見て直観的に感じる通りに動いているとは限らない．「地球が動いている」と悟ったコペルニクスのように，慣性の法則を発見したガリレイのように，世界を注意深く調べることができる者だけが，直観によって覆い隠されていた真実を見抜くことができる．量子力学を勉強するときには，量子力学の常識破りな部分が，どのように注意深く組み立てられてきたものであるかを学びとっていかなくてはならない．**「誰かえらい人がこういったから」**「**教科書にそう書いてあるから**」ではなく，どのような過程でこの不思議な量子力学ができ上がるにいたったか，そして物理学者たちの苦労の末にでき上がった量子力学がどのようにこの世界を記述しているのか，を自分で納得しながら学習していってほしい[*9]．量子力学はなかなか納得でき

[*8] 量子力学の解釈は一つではなく，他にも多世界解釈とか，ボームによるパイロット波による理論などもあるが，確率解釈に比べるとマイナーである．

[*9] このような「教科書に書いてあるからと正しいと思ってはいけない」という言葉は，教科書では否定されていることを肯定したい人（たいていの場合は間違ったことを信じちゃっている人）が使うことが多いようだ．著者は教科書を否定したいのではない．大事なことは「教科書に書いてあるから」ではなく「確かめてみたらそうだったから」という理由でこそ「正し

ない，不思議な学問であるが，だからこそしっかり理解できたときの喜びは大きいと思う．

10.5 運動量の「収縮」

ここまで，波動関数の意味として，「$|\psi(\boldsymbol{x},t)|^2$ が確率密度である」という点を主に説明してきた．場所 $\boldsymbol{x}$ で粒子が観測される確率が $|\psi(\boldsymbol{x},t)|^2$ に比例する．実は粒子の位置座標 $\boldsymbol{x}$ に関する観測だけではなく，他の物理量についても同様である．そして，座標以外の物理量に関しても観測を行うことで状態がその物理量の固有状態に変化するのだ，ということを射影仮説は主張[*10]している．ここではその一つである運動量について考えよう．
→ p126

一般の波動関数は

$$\psi(\boldsymbol{x},t) = \frac{1}{(2\pi)^{3/2}} \int \tilde{\psi}(\boldsymbol{p},t) e^{i\boldsymbol{k}\cdot\boldsymbol{x}} \mathrm{d}^3\boldsymbol{k} \qquad \text{ただし，} \boldsymbol{p} = \hbar\boldsymbol{k} \tag{10.8}$$

のようにフーリエ変換して表現することができる[*11]．

規格化の問題を簡単にするために，この節の以下の説明では，1次元問題に
→ p124
ついて考えることにして，x の範囲を $-\pi < x < \pi$ とし，周期境界条件をおく[*12]．

射影仮説によれば，運動量を観測したときにはその結果に従い，波動関数が「運動量の固有状態」e^{ikx} へと「収縮」する．収縮する前の波動関数は

$$\psi(x,t) = \frac{1}{\sqrt{2\pi}} \sum_{n=-\infty}^{\infty} F_n e^{inx} \tag{10.9}$$

のように波数 n をもった波 $(1/\sqrt{2\pi})e^{inx}$ を適当な重み F_n を掛けて足算（重ね合わせ）されたものである．こうすることで，どんな関数も表現できるのは，8.1節
→ p95

い」と感じてほしいということだ．

[*10] 「主張」という言葉は強すぎるかもしれない．物理における「仮説」という言葉は「そう考えることで（現在知られている限りの）物理現象を正しく記述できることがわかっている」というぐらいの控えめな表現がふさわしい．

[*11] 積分が三重積分なので前の係数は $\left(1/\sqrt{2\pi}\right)^3 = 1/(2\pi)^{3/2}$ となる．

[*12] x の範囲を $(-\infty, \infty)$ にしても，ここで行ったように e^{ikx} の重ね合わせで波動関数を表すことは可能である．ただその場合，$\int \psi^*\psi \mathrm{d}x = 1$ にすることが難しくなる．これについてはまた後で述べる．

で説明した通りである（ここでは複素数を使ったフーリエ級数の表現(8.12)を使っている）．

(8.12) の関数 $f(x)$ を波動関数だと考えると，波数 n ということは運動量 $\hbar n$ をもっていることだから，F_n は，「波動関数の中に運動量 $\hbar n$ をもった成分がどの程度含まれているか」を示す数だということができる[*13]．

観測という操作により，運動量が $\hbar m$ であることが確定したとすると，波動関数は

$$\psi(x,t) = \frac{1}{\sqrt{2\pi}} \sum_{n=-\infty}^{\infty} F_n e^{inx} \to \frac{1}{\sqrt{2\pi}} e^{imx} \tag{10.10}$$

のように変化する．そのこと（運動量が $\hbar m$ と確定すること）が起こる確率は $|F_m|^2$ に比例する（F_n は一般に複素数であることに注意．うまく規格化されていれば，「比例する」ではなく $|F_m|^2$ は運動量が $\hbar m$ になる確率そのものとなる）．これが量子力学の仮定である「射影仮説」が主張するところである．

状態は $\psi(\boldsymbol{x})$ ではなく F_n によっても表現することができる，と前に述べたが，F_n の状態で考えると，観測前の状態は

$$(\cdots, F_{-3}, F_{-2}, F_{-1}, F_0, F_1, F_2, F_3, \cdots, F_{m-1}, F_m, F_{m+1} \cdots) \tag{10.11}$$

のようにいろんな F_n がノンゼロであったのに，観測を行って運動量が $\hbar m$ であるという結果が得られた途端，

$$(\cdots, 0, 0, 0, 0, 0, 0, 0, \cdots, \underbrace{0}_{F_{m-1}}, \underbrace{1}_{F_m}, \underbrace{0}_{F_{m+1}}, \cdots) \tag{10.12}$$

と表現される状態に変化したことになる．座標空間（$\boldsymbol{x}$ の空間）で「波動関数の収縮」が起こるように，運動量空間（$\boldsymbol{p}$ の空間，いまの場合は F_n の空間）でも収縮が起こる．

[*13] ここで，波数が n という整数になり，運動量が $\hbar n$ という簡単な形になってが，これは考えている 1 次元的な広がりの長さを 2π という特別な数字にしたからであることに注意しておこう．長さが L であれば波数は $2\pi n/L$ になるが，式が簡単になるように $L = 2\pi$ と選んでいる．

---【よくある質問】いったん収縮したら，後はそのままなのか？---

いま，いろんな運動量をもった状態の重ね合わせ $(1/\sqrt{2\pi})\sum_n F_n e^{inx}$ から，特定の運動量をもった状態 $(1/\sqrt{2\pi})e^{imx}$ に「収縮」したわけであるが，ということはこのあとは何度観測を実行しても，ずっと運動量 $\hbar m$ が観測されるのであろうか？

波動関数の状態が時間変化しないのなら，そうである．しかし実際には波動関数は（外から観測したりしなくても）時間的に変化していくのが普通であるから，運動量の固有状態から離れていくことの方が多いであろう．

10.6　なぜ波動関数 $\psi(x, t)$ は複素数なのか？

シュレーディンガー方程式の波動関数は，複素数であることが不可欠である．「どうして物理が複素数で記述されるのか？」という点は多くの入門者を悩ませる点である．ここでは，その理由を知るために，話を少し古典力学に戻す．

古典的なニュートン力学で，粒子の運動をどのように解いていたかを思い出そう．「運動を解く」とは，任意の時間における粒子の座標 $x(t)$ を求めることである．

ニュートン力学の中心となる方程式は運動方程式

$$m\frac{d^2 x(t)}{dt^2} = f \tag{10.13}$$

である．x の 2 階微分がこの式によって決定されるので，この式を 2 回積分すれば，それより未来のすべての時間での $x(t)$ を計算することができる．そのためには初期値としてある時刻での $x(t)$ と $dx(t)/dt$ を与える必要がある．

古典力学のニュートン方程式は 2 階微分の方程式であるがゆえに，一つの座標 $x(t)$ に対して二つの初期条件が必要になった．古典力学でも，正準方程式は

$$\frac{dp_i(t)}{dt} = -\frac{\partial H}{\partial x_i}, \qquad \frac{dx_i(t)}{dt} = \frac{\partial H}{\partial p_i} \tag{10.14}$$

という 1 階微分方程式である．しかしこの場合は力学変数が座標と運動量の二つに増えていて，初期値はやはり，$x(t), p(t)$ の二つについて与える必要がある．

一方，量子力学では運動量 p がド・ブロイの式によって波長 λ と関係づけられている．そしてこの波長というのは，ある瞬間の波の形から決まるものであ

10.6 なぜ波動関数 $\psi(\boldsymbol{x},t)$ は複素数なのか？

るから，量子力学における運動量は，ある瞬間で定義されているものである．これは古典力学との大きな違いである．多くの場合，古典力学の運動量は

$$\boldsymbol{p}(t) = m\boldsymbol{v}(t) = \lim_{\Delta t \to 0} \frac{m[\boldsymbol{x}(t+\Delta t) - \boldsymbol{x}(t)]}{\Delta t} \tag{10.15}$$

と表される．$\boldsymbol{p}(t)$ は Δt という（微小ではあるが）時間間隔の間での引算で定義されている．「古典力学の運動量はある一瞬を見てもわからないが，量子力学の運動量はある一瞬を見るだけでわかる」のである．

表 10.2

	力学変数	基本方程式	初期条件
古典力学	$\boldsymbol{x}(t)$ $\boldsymbol{p}(t)$	$\dfrac{d\boldsymbol{p}}{dt} = \boldsymbol{f}$ $\boldsymbol{p} = m\dfrac{d\boldsymbol{x}}{dt}$	$\boldsymbol{x}(t=0),\ \dfrac{d\boldsymbol{x}}{dt}(t=0)$
量子力学	$\psi(\boldsymbol{x},t)$	$i\hbar\dfrac{\partial \psi(\boldsymbol{x},t)}{\partial t} = H\psi(\boldsymbol{x},t)$	$\psi(\boldsymbol{x},t=0)$

シュレーディンガー方程式は1階微分方程式なので，$\psi(\boldsymbol{x},t)$ の中には，$\boldsymbol{x},\boldsymbol{p}$ に対応する量が**両方**入っていなくてはいけない．このように古典力学では「微小な時間の間の変化」として定義された「速度」およびこれに比例する「運動量」が，量子力学では時間変化を待つことなく[*14]「ある瞬間の波動関数」を見るだけで与えられている．

さて，では ψ が複素数でなくてはならない理由を説明しよう．ψ を実数で表すことができたとする．簡単のため1次元問題で考えると，

$$A\sin(kx - \omega t + \alpha) \tag{10.16}$$

が，x の正方向へ進行する波である．$A\sin kx$ という波を，$x \to x - (\omega/k)t$ と平行移動させていると思えば進行の様子がわかる（位相速度のところを参照）．
逆方向へ進行する波の式は，上の式で $x \to -x$ とおき換えて，

$$B\sin(-kx - \omega t + \beta) \tag{10.17}$$

[*14]「微小時間」すら待つ必要はない！

と書けるだろう（係数 A, B と初期位相 α, β は同じである必要はないのでとりあえず別の文字を使用した）.

ところがこの二つ，式 (10.16) と式 (10.17) は，$t = 0$ にしてしまうとどちらも

$$A\sin(kx + \alpha) \quad \text{と} \quad B\sin(-kx + \beta) \tag{10.18}$$

となって区別がなくなってしまう．一見して違うように見えるかもしれないが，任意定数である（いまから決めることができる）A, B, α, β を適当に選ぶとこの二つは同じものになる．たとえば $B = -A$ として $\beta = -\alpha$ にして

$$A\sin(kx + \alpha) \quad \text{と} \quad -A\sin(-kx - \alpha) \tag{10.19}$$

とすればこの二つは同じ関数になる（三角関数の公式 $\sin(-\theta) = -\sin\theta$ を思い出せ）．あるいは，$A = B$ にして $\beta = -\alpha + \pi$ にして，

$$A\sin(kx + \alpha) \quad \text{と} \quad A\sin(-kx - \alpha + \pi) \tag{10.20}$$

としてもよい（三角関数の公式 $\sin(\theta + \pi) = -\sin\theta$ と $\sin(-\theta) = -\sin\theta$ を組み合わせて $\sin(-\theta + \pi) = \sin\theta$ として使うと同じであることがわかる）．

実数 1 成分の波で考えると，初期状態の中に波の進行方向という情報が入らなくなってしまうのである．複素数であれば，

$$Ae^{i(kx-\omega t)+i\alpha} \quad \text{と} \quad Be^{i(-kx-\omega t)+i\beta} \tag{10.21}$$

は $t = 0$ にしても，

$$Ae^{ikx+i\alpha} \quad \text{および} \quad Be^{-ikx+i\beta} \tag{10.22}$$

というふうに違いが出る．この二つの式は A, B, α, β をどう選んでも同じ式にはならない！

初期値（$t = 0$ での瞬間の値）の中に「運動量の向き」という情報が含まれるようにするためには，複素数であることが必要なのである．

$e^{-i\omega t}$ という形の式になっているので，ある一点に着目すると，波の位相はつねに減少していく．よって実部と虚部が変化する（たとえば実部が最大値（プ

10.6 なぜ波動関数 $\psi(\boldsymbol{x},t)$ は複素数なのか？

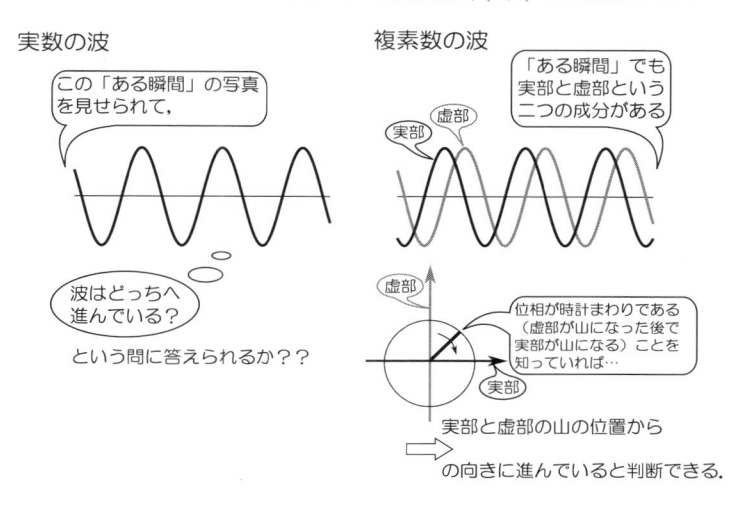

実数の波
この「ある瞬間」の写真を見せられて，
波はどっちへ進んでいる？
という問に答えられるか？？

複素数の波
「ある瞬間」でも実部と虚部という二つの成分がある
実部　虚部

位相が時計まわりである（虚部が山になった後で実部が山になる）ことを知っていれば…

実部と虚部の山の位置から ⇒ の向きに進んでいると判断できる．

図 10.6 複素数の波だと進行方向がわかる．

ラス）を迎えたあと，虚部が最小値（マイナス）を迎える）ためには，波がどっち向きに動かなくてはいけないか，と考えれば波の進む向きがわかる．

ここで，$Ae^{\pm ikx+i\omega t+i\gamma}$ のような形の波は考えなかったが，これはマイナスのエネルギーをもっていることに対応するので，物理的には出てこない．

電気回路の問題で交流を考えるときにも $I_0 \cos\omega t \to I_0 e^{i\omega t}$ と拡張して電流を複素数化して計算することがあったが，あれはあくまで計算の便法であり，付け加えられた虚数部 $iI_0 \sin\omega t$ には物理的意味はなく，計算の最後では破棄される運命にある．しかし量子力学での波動関数の虚数部は，立派な物理的意味がある[*15]．

なお，正確には，波の方向を表すものが波動関数の中に入ってくるようになってさえいれば，波動関数が複素数である必要はない．しかし，実数 1 成分の場合では波の方向を表すものは作れない．たとえば電磁波は実数の波であるが，つねに電場と磁場という二つの場がセットになって出てきており，波の進む方向は $\boldsymbol{E}\times\boldsymbol{H}$ の方向として求めることができる．電磁波のうちある一瞬の電場部分だけ（あるいはある一瞬の磁場部分だけ）を見たのでは波の進む方向はわか

[*15] ただし，2 成分あること，その 2 成分あることによって「運動の向き」が表現できることに意味があるのであって，「実部か虚部か」ということ（正確にいえば，波動関数の位相）にはあまり意味がない．

らない．電場と磁場の両方を見ると，「電場→磁場」と右ねじを回したときにねじの進む向きが電磁波の方向であるとわかる．

つまり波の進行を表すためには，複素数というよりは実数2成分の自由度が必要なのである．波動関数も，複素数で書くのがどうしても嫌なら，実数2成分の関数を使って表すこともできる．ただしその場合，運動量は行列で表されることになって計算がややこしくなる．

【補足】 ────────────────────────── この部分は最初に読むときは飛ばしてもよい．

ギリシャの哲学者ゼノンによるパラドックスに「飛ぶ矢は静止している」というのがある．要約すると，「飛んでいる矢のある瞬間だけを取り出してみれば '運動' はないのだから，瞬間瞬間において飛ぶ矢は静止している」というものだ．

あくまでも物理学的立場から[*16]いえば，このパラドックスを考えることの大きな意義は，「運動は運動方程式という時間に関して2階の微分方程式で記述されているのだから，x と dx/dt（あるいは p）の両方を与えないと初期状態は決まらない．"ある瞬間" に存在している力学的自由度は x と dx/dt（あるいは p）を合わせた両方なのだ．瞬間を取り出せば x しかないと考えてはいけない」ことを気づかせてくれることである．

たしかに「ある瞬間の状態」を見ただけでは dx/dt（あるいは p）はわからないように思える．しかし，ニュートン力学の体系はその "ある瞬間の状態" についても物体が速度や運動量という属性をもっていなくてはいけないことを示している——もちろんゼノンの時代にはニュートン力学は影も形もなかったのであるが．

「ある瞬間の状態の中に運動量が隠れている」という性質をもつ波動関数と，その波動関数が従うシュレーディンガー方程式の存在を見たら，ゼノンは何というであろうか．「ほらみろ正しい理論（量子力学）では私のパラドックスが解決されているではないか」というかもしれない．

────────────────────────── **【補足終わり】**

問　題

10.1 質量 m をもつ自由粒子の波動関数が $\psi(x,t) = \sin x f(t)$ で表されるとする．シュレーディンガー方程式を解いて $f(t)$ を求めよ．
　結果としてでき上がる $\psi(x,t)$ は，右へ進行する波と左へ進行する波の重ね合わせであることを示せ．
　　　　　　　　　　　　　　　　　　　　　　　　　ヒント → p167 へ　解答 → p183 へ

10.2 1次元の波動関数を，$\psi(x,t) = \psi_R(x,t) + i\psi_I(x,t)$ とおく．ψ_R, ψ_I はおのおのの実数関数である．このように分けて書いたとき，シュレーディンガー方程式の実数部分と虚数部分はそれぞれどのような方程式になるか．
　　　　　　　　　　　　　　　　　　　　　　　　　ヒント → p168 へ　解答 → p184 へ

───────────────────────────────────────
[*16] 著者は哲学に詳しいわけではないので，「哲学的立場からの意義はどうなんですか？」と聞かれても答えることは不可能であるので勘弁してほしい．

11 波動関数と物理量

前章で「波動関数の中に位置や運動量という'古典力学的物理量'が含まれている」という話をした．この章では，どのようにその'古典力学的物理量'を取り出すのかを話そう．そのために必要な概念が前に出てきた「固有値」とこの章で説明する「期待値」である．
→ p115

11.1 期待値

期待値とは

期待値というのは量子力学に限らず，確率的に起こる現象でよく使われる概念で，

―――― 一般的な「期待値」の定義 ――――

ある物理量 A がある値 A_i をとる確率が f_i （i はいろんな現象の起こる可能性のそれぞれを区別する添字であるとする）であるとき，

$$\langle A \rangle = \sum_i f_i A_i \tag{11.1}$$

が「A の期待値」である．

がその定義である．

たとえば100分の1の確率で1000円当たり，10分の1の確率で100円当たるくじであれば，もらえる賞金の期待値は

$$f_{1000円当たり} \times 1000 + f_{100円当たり} \times 100 + f_{外れ} \times 0$$
$$= \frac{1}{100} \times 1000 + \frac{1}{10} \times 100 + \frac{89}{100} \times 0 = 20 \tag{11.2}$$

もし，くじを100回引けば，1000円が1回，100円が10回ぐらい当たるだろ

う.すると100回で2000円ぐらい賞金がもらえることになる.1回あたり20円である.つまり期待値は,そのくじを何回も何回も引いたときにもらえるお金の平均値に等しい.

11.2 座標の期待値

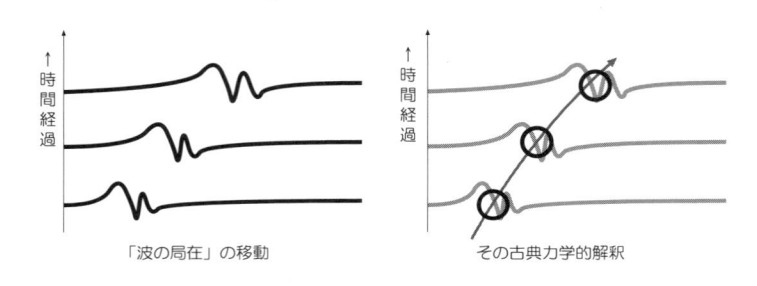

図11.1 量子力学での「運動」

波動関数はつねにある程度の広がりをもちながら時間発展していく.その波動関数の時間変化こそが,いわば「運動」なのであるが,その波が一部に局在していて,その位置が動いていくならば,それをわれわれは「粒子が運動している」ととらえることができる(逆にいえば,局在してない波動関数に対応する状態に対して「粒子が運動している」という描像をもつことはできない).

古典力学的な意味の「運動」と,波動関数の「時間発展」は関係はしているが,イコールで結べるような単純な関係にはないことに注意しよう.「古典的な粒子の運動」と「波動関数の時間発展」の(単純ではない)関係を知るためには,「**波動関数がある形をしているとき,古典的粒子はどのあたりにいると考えればよいのか**」を示す量が必要である.

ただし,状況によっては「古典的粒子はどこにいるか」という問には答が存在しないこともある.たとえばヤングの実験の場合のように,波(波動関数)が二つの経路に完全に別れてしまっているような場合に「粒子がどこにいるか」を一つの数字で表そうとすることには意味がない.

「粒子がある場所(1か所)にいる」と考えてよいような状況において,粒子の位置を表現するという目的のために使う一つの指標として,**期待値**(xの期待値は記号 $\langle x \rangle$ で表す)を使うことが多い.波動関数が一つの山の塊(波束)

11.2 座標の期待値

をもつようなとき，$\langle x \rangle$ はまさにその山の中心を指し示すことになる（複数個の塊があるならばその平均のところにくる）．

具体的には，期待値は以下のように計算される．

量子力学では確率しか計算できないので，物理量そのものではなく，物理量の期待値が計算できることになる．実験と比較するとしたら，何回も実験をしてその平均値と比較することになる．ここでは i という不連続な添字で物理量のいろいろな値を表したが，連続な変化をする場合ももちろんある．たとえば，位置座標 x は連続的に変化する物理量である．粒子が位置座標 x から $x + \mathrm{d}x$ の間に存在している確率は $|\psi(x)|^2 \mathrm{d}x$ であるから，期待値 $\langle x \rangle$ は，

$$\langle x \rangle = \int x |\psi(x,t)|^2 \mathrm{d}x = \int \psi^*(x,t)\, x\, \psi(x,t) \mathrm{d}x \tag{11.3}$$

のようにして計算することができる（ただし ψ は規格化されていなくてはならない $\underset{\to\,\mathrm{p}124}{}$ ．ここで三つめの式では，順番を並べ替えて x を ψ^* と ψ の間に置いている．これはあとで出てくる「運動量の期待値」や「エネルギーの期待値」のときと順番を同じにするためで $\underset{\to\,\mathrm{p}140}{}$ ，この段階では深い意味はない．

単純な 1 次元の矩形波の場合を考えよう．

$$\psi(x) = \begin{cases} \dfrac{1}{\sqrt{\delta}} & (a < x < a+\delta) \\ 0 & (\text{それ以外}) \end{cases} \tag{11.4}$$

ここでは時間依存性を無視している．実際には，このような波は時間がたつと形を変えていくはずである．このときの x の期待値を計算すると，

$$\begin{aligned}
\int \mathrm{d}x\, \psi^*(x) x \psi(x) &= \int_a^{a+\delta} \mathrm{d}x\, \frac{1}{\delta} x = \frac{1}{\delta} \left[\frac{x^2}{2} \right]_a^{a+\delta} \\
&= \frac{1}{2\delta}\left[(a+\delta)^2 - a^2\right] = \frac{1}{2\delta}\left(2a\delta + \delta^2\right) = a + \frac{\delta}{2}
\end{aligned} \tag{11.5}$$

となって，たしかに波の中心である．古典力学で「粒子の位置」とわれわれが観測するものはこのような $\langle x \rangle$ である．ただし，たいていの場合波の広がりは測定機器の誤差の中に埋もれてしまう．

期待値はこのようにして全体の平均として計算するので，波動関数が二つの

波に分れてしまうような場合について計算すると，実際には波がほとんどいないような場所に期待値が来てしまう場合もある．期待値が「古典力学的な値」とちゃんと対応してくれるのは，確率がある程度集中している（波が局在している）場合だけである．

11.3　運動量の期待値

期待値は，運動量など，他の物理量についても考えることができる．この節では運動量に関して，単純な例を考えよう．10.5節同様，1次元で $x=-\pi$ と $x=\pi$ で周期境界条件をおいて，ある波動関数が

$$\psi(x) = \frac{1}{\sqrt{2\pi}}\left(F_1 e^{ix} + F_2 e^{2ix} + F_3 e^{3ix}\right) \tag{11.6}$$

のように，三つの波動関数の和として与えられたとする．各成分であるところの e^{ix}, e^{2ix}, e^{3ix} はそれぞれ，$\hbar, 2\hbar, 3\hbar$ の運動量[*1]をもっている粒子を表す波動関数と解釈でき，F_1, F_2, F_3 はそれぞれの波がどの程度混じっているかを表す数字である．

まず規格化条件を考える．$\psi^*(x)\psi(x)$ の積分

$$\frac{1}{2\pi}\int_{-\pi}^{\pi}\left(F_1^* e^{-ix} + F_2^* e^{-2ix} + F_3^* e^{-3ix}\right)\left(F_1 e^{ix} + F_2 e^{2ix} + F_3 e^{3ix}\right)dx \tag{11.7}$$

を考える．前に考えた式(8.15)の直交性を使うと，

$$\frac{1}{2\pi}\int_{-\pi}^{\pi}\left(F_1^* e^{-ix} + F_2^* e^{-2ix} + F_3^* e^{-3ix}\right)\left(F_1 e^{ix} + F_2 e^{2ix} + F_3 e^{3ix}\right)dx$$

残る
消える

$$= F_1^* F_1 + F_2^* F_2 + F_3^* F_3 \tag{11.8}$$

[*1] ここでも10.5節と同じく考えている空間の幅を $L=2\pi$ とおいたので，波数が整数となり，運動量が $\hbar$ の整数倍になっている．式が簡単になるような状況を選んでいるからこうなっていることに注意．

となる．すなわち掛算の結果 e^{ix} が残るような項（たとえば $F_1^* e^{-ix}$ と $F_2 e^{2ix}$ の積）はどうせゼロだから計算する必要はない[*2]．

よって，規格化条件から，$F_1^* F_1 + F_2^* F_2 + F_3^* F_3 = 1$ でなくてはならない．このとき，$F_1^* F_1, F_2^* F_2, F_3^* F_3$ という三つの数は，運動量がそれぞれ，$\hbar, 2\hbar, 3\hbar$ になる確率を表す（いまの場合，最初から正しい規格化がされていた，ともいえる）．よって，この場合の運動量の期待値は (値) × (確率) の和として計算して，

$$\langle p \rangle = \hbar F_1^* F_1 + 2\hbar F_2^* F_2 + 3\hbar F_3^* F_3 \tag{11.9}$$

という計算になる．

では，運動量の期待値を計算するには，まず波動関数を式(8.12)のようにフーリエ級数で展開して，係数 F_n を求めておかなくてはいけないのだろうか？[*3]
→ p98

実はその心配はない．「運動量を演算子 $-i\hbar \partial/\partial x$ でおき換えることができる」ことのありがたさがここでも出てくる．波動関数にこの演算子を掛けると，

$$\begin{aligned}
-i\hbar \frac{\partial}{\partial x} \psi(x) &= \frac{1}{\sqrt{2\pi}} \left(-i\hbar \frac{\partial}{\partial x} \right) \left(F_1 e^{ix} + F_2 e^{2ix} + F_3 e^{3ix} \right) \\
&= \frac{1}{\sqrt{2\pi}} \left(\hbar F_1 e^{ix} + 2\hbar F_2 e^{2ix} + 3\hbar F_3 e^{3ix} \right)
\end{aligned} \tag{11.10}$$

となる．つまり，波動関数の各成分の前に，それぞれの成分のもつ運動量がかけ算された形で出てくる．これに ψ^* を掛けて積分すると，さっきと同じ理由で e^{ix} が残らない部分だけがノンゼロで残るから，

$$\begin{aligned}
&\int_{-\pi}^{\pi} \psi^*(x) \left(-i\hbar \frac{\partial}{\partial x} \right) \psi(x) \mathrm{d}x \\
&= \frac{1}{2\pi} \int_{-\pi}^{\pi} \left(F_1^* e^{-ix} + F_2^* e^{-2ix} + F_3^* e^{-3ix} \right) \\
&\quad \times \left(\hbar F_1 e^{ix} + 2\hbar F_2 e^{2ix} + 3\hbar F_3 e^{3ix} \right) \\
&= \hbar F_1^* F_1 + 2\hbar F_2^* F_2 + 3\hbar F_3^* F_3
\end{aligned} \tag{11.11}$$

[*2] このように違う運動量をもった波動関数の積を積分すると 0 になる（同じ運動量をもつものどうしの積だけが残る）のは，ある一般的な法則のおかげなのだが，本書ではその一般的性質にまでは踏み込まないことにする．

[*3] いまの場合最初から展開されている式(11.6)から始めたからわからないかもしれないが，
→ p138
一般の関数が出てきたときにそれを (11.6) の形に直すのは，楽にできるとは限らない．

である．もっと一般的な波動関数であっても同じことがいえる．F_n を計算しなくても，

$$\langle p \rangle = \int \psi^*(x)\left(-i\hbar\frac{\partial}{\partial x}\right)\psi(x)\mathrm{d}x \tag{11.12}$$

と計算すればよいのである．前に $\langle x \rangle$ の計算でわざわざ x を ψ^* と ψ の間に置いたのは，この式と同じ形になるようにである．$-i\hbar\partial/\partial x$ の方は微分演算子であるからどこにおいてもよいというわけにはいかない．

　上では3種類の運動量をもつ状態の足し合わされた状態になっている波動関数を考えた．このような波動関数は固有関数ではない（1個1個の成分は固有関数）．波動関数が運動量の固有関数になっている場合（e^{inx} 1項のみからなる場合），その波動関数で表されている量子力学的状態は運動量が一つの値（$\hbar n$）に決まっていて，ゆらぎがない．

　このとき，$\psi^*(x)\psi(x)$ を計算すると，x によらない定数となる．なぜならば，$e^{-inx}e^{inx}=1$ という計算から x が消えてしまうからである．このような波動関数の確率密度は定数であるから，この波動関数で表される状態は，「どこにいるんだかさっぱりわからない」状態である．運動量が確定すると位置が不確定になるという不確定性関係が，ここでも実現している．

　実際に存在する波動関数では，いろんな運動量をもった波動関数の重ね合わせになっており，運動量が一つの値に確定していない（それゆえ逆に x に関してはある程度は決まっている）．任意の関数がフーリエ変換によって e^{ikx} の和の形に書けることはすなわち，任意の波動関数がいろんな運動量をもった波動関数の重ね合わせでかならず書けることである．

【よくある質問】測定の結果は固有値ですか？―期待値ですか？

　一回の測定を行ったときに「測定値」として出てくる値は「固有値」の方．そして測定を行なったことにより，波動関数は「固有関数」へと変化する．
　同じ波動関数で表される状態がたくさん用意できたとして，何回も測定を行うと，測定値（固有値）はいろんな値を出す．そしてその測定値の平均が「期待値」に（充分多数回の測定を行ったとすれば）一致する．

同様に「エネルギーの期待値」や「角運動量の期待値」など，他の物理量の期待値も，その物理量に対応する演算子を用いて

$$\int \mathrm{d}^3\boldsymbol{x}\,\psi^*(\boldsymbol{x},t)\hat{A}\psi(\boldsymbol{x},t) \tag{11.13}$$

のように表現できる．$\hat{A}$ が何かの演算子だとして，波動関数は

$$\hat{A}\psi_a(\boldsymbol{x},t) = a\,\psi_a(\boldsymbol{x},t) \tag{11.14}$$

を満たすのが，「$\hat{A}$ の，固有値 a をもつ固有状態を表現する波動関数 $\psi_a(x,t)$」である．$\hat{A}$ に対応する物理量を観測し測定値 a が得られたとすると，波動関数は $\psi_a(\boldsymbol{x},t)$ へと収縮する（どのような測定値が得られるかは，最初の波動関数にどの程度 $\psi_a(\boldsymbol{x},t)$ が含まれていたかで決まる．

11.4 期待値の意味で成立する古典力学・交換関係

すでに説明したように，量子力学においては力学変数が $\psi(\boldsymbol{x},t)$ であることに注意しよう．つまり量子力学においては物理法則（この場合シュレーディンガー方程式）にしたがって時間発展していくものは $\boldsymbol{x}$ や $\boldsymbol{p}$ ではなく ψ である．そして，物体の位置だの運動量だのは，ψ の状態から導かれる 2 次的な量である．

波動関数の中には「座標」「運動量」「エネルギー」など，古典力学ではおなじみの（比較的目で確認しやすい）物理量が埋め込まれているわけである．古典力学では目で見えていた「座標」が量子力学では「期待値」におき換えられてしまう．古典力学での '運動' は，「$\boldsymbol{x}$ や $\boldsymbol{p}$ の値が変わる」ことであったが，量子力学での '運動' は，「ψ の形が変わることによって $\boldsymbol{x}$ や $\boldsymbol{p}$ の期待値が変わる」ことの結果として表れる．

11.4.1 座標の期待値の時間変化

$\langle\boldsymbol{x}\rangle$ が古典力学でいう「粒子の位置」に対応するのだとなると，ではそれはどのように「運動」するのかを知りたいところである．そのために「粒子の速度」を計算してみよう．具体的には，$(d/dt)\langle\boldsymbol{x}\rangle = ((d/dt)\langle x\rangle, (d/dt)\langle y\rangle, (d/dt)\langle z\rangle)$ という計算を行う（以下では $(d/dt)\langle x\rangle$ のみを計算するが他の成分も同様である）．

ここで古典力学と大きな違いを指摘しておく．量子力学では，時間に依存するのは「位置座標 $\boldsymbol{x}$」ではなく，「波動関数 $\psi(\boldsymbol{x},t)$」であることに気をつける．量子力学では[*4]，力学変数は座標 $\boldsymbol{x}$ や運動量 $\boldsymbol{p}$ ではなく，波動関数 $\psi(\boldsymbol{x},t)$ な

[*4] 正確にいうと「シュレーディンガー表示の量子力学では」なのだが，シュレーディンガー表示以外（たとえば「ハイゼンベルク表示」）は本書では扱わないことにする．

11 波動関数と物理量

一人の人間が動き回っている．

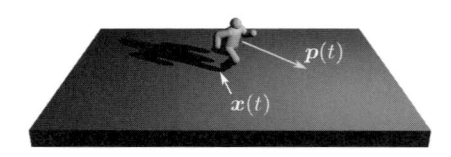

$\boldsymbol{p}(t)$
$\boldsymbol{x}(t)$

力学変数は，人間の位置 $\boldsymbol{x}(t)$ と，運動量 $\boldsymbol{p}(t)$

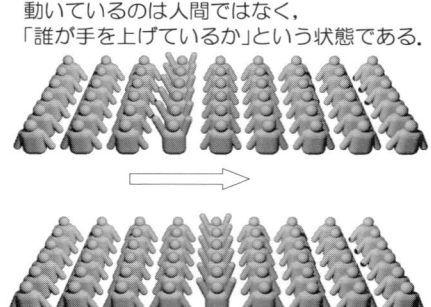

動いているのは人間ではなく，「誰が手を上げているか」という状態である．

力学変数は $\psi(\boldsymbol{x}, t)$

図 **11.2** 古典力学と量子力学の力学変数

のである．量子力学では $\boldsymbol{x}$ はもはや力学変数ではない——だから量子力学では「$\boldsymbol{x}(t)$」とは決して書かない！

二つの立場を，たとえ話で説明しておく．

広い運動場に一人の人間が走り回っているのを見ているとしよう．この「状態」を知るには，その人がどこにいるか（$\boldsymbol{x}(t)$）と，どれぐらいの運動量で動いているか（$\boldsymbol{p}(t)$）を知ればよい．これが古典力学的運動に対応する．

これに対し，量子力学的な運動に対応するのは，運動場いっぱいにぎっしりと人が立っていて，サッカーの応援などでやる「ウェーブ」をやっているところである．ウェーブが動いていく姿が波束の動いていく姿すなわち粒子の動いていく姿に対応する．波動関数の山になっているところが移動していくことが古典的な意味の粒子の移動なのである．このように「波動関数が時間的に変化して，それによって粒子のいそうな場所（期待値）も変化していく」という考え方をするならば，波動関数 $\psi(\boldsymbol{x}, t)$ は空間の各点各点に 1 個ずつ存在する「力学変数」であり，すべての $\psi(\boldsymbol{x}, t)$ を決めてその時間発展を考えなくてはいけない．そして，この立場では $\boldsymbol{x}$ は時間的に変化するものではなく，「たくさんある $\psi(\boldsymbol{x}, t)$ のうち，どれを考えているのかを指定する名札（ラベル）」あるいは「たくさんある $\psi(\boldsymbol{x}, t)$ さんがどこに座っているかを指定する番地（アドレス）」でしかない．

したがって，$\langle x \rangle$ を時間 t で微分するとき，微分されるのは $\psi^*(\boldsymbol{x}, t)$ と $\psi(\boldsymbol{x}, t)$

11.4 期待値の意味で成立する古典力学・交換関係

の二つである. ゆえに, 微分の結果は

$$\frac{d}{dt}\int d^3\boldsymbol{x}\psi^*(\boldsymbol{x},t)x\psi(\boldsymbol{x},t)$$
$$=\int d^3\boldsymbol{x}\left(\psi^*(\boldsymbol{x},t)x\frac{\partial}{\partial t}\psi(\boldsymbol{x},t)+\frac{\partial}{\partial t}\psi^*(\boldsymbol{x},t)x\psi(\boldsymbol{x},t)\right) \quad (11.15)$$

となる.

【念のための注】 この部分は,「これなら知っている」という人は読まなくてよい.

たまに,「この式の左辺では微分が常微分 d/dt なのに, 右辺に行くと偏微分 $\partial/\partial t$ になっている. おかしいではないか」と質問する人がいるので, 少し説明しておく.

左辺で微分されている $\int \psi^*(\boldsymbol{x},t)\psi(\boldsymbol{x},t)d^3\boldsymbol{x}$ においては, $\boldsymbol{x}$ はすでに積分が終わっている ($\boldsymbol{x}$ はいろいろな値が代入されて足算が終わっている) ので, 実は $\boldsymbol{x}$ の関数ではなく, t のみの関数なのである. だから, 左辺の微分は明らかに偏微分ではない.

ここで,

$$\frac{d}{dt}\int d^3\boldsymbol{x}\psi^*(\boldsymbol{x},t)x\psi(\boldsymbol{x},t)=\int d^3\boldsymbol{x}\psi^*(\boldsymbol{x},t)\frac{dx}{dt}\psi(\boldsymbol{x},t)+\cdots \quad (11.16)$$

や, あるいはもっとすごい間違いとしては,

$$=\int d^3\boldsymbol{x}\left(\frac{\partial\psi^*(\boldsymbol{x},t)}{\partial x}\frac{dx}{dt}+\frac{\partial\psi^*(\boldsymbol{x},t)}{\partial y}\frac{dy}{dt}+\frac{\partial\psi^*(\boldsymbol{x},t)}{\partial z}\frac{dz}{dt}\right)x\psi(\boldsymbol{x},t)+\cdots \quad (11.17)$$

という計算 (絶対やってはいけない間違い) をやってしまう人もいるかもしれない. しかし, ウェーブのたとえで説明したように, ここで出てくる $\boldsymbol{x}$ は時間によって変化する量ではないのであって, 古典力学での場所を表す $\boldsymbol{x}(t)$ とは違うものであることに注意しなくてはいけない. この $\boldsymbol{x}$ は「場所 $\boldsymbol{x}$, 時刻 t での波動関数 $\psi(\boldsymbol{x},t)$」のように ψ の場所を指定する, いわば「ラベル」または「番地」なのである. これに対し, 古典力学の $\boldsymbol{x}(t)$ は粒子の存在している位置であり, 意味が違う[*5].
→ p142

【念のための注終わり】

ここでシュレーディンガー方程式

$$i\hbar\frac{\partial}{\partial t}\psi(\boldsymbol{x},t)=\left[-\frac{\hbar^2}{2m}\left(\frac{\partial^2}{\partial x^2}+\frac{\partial^2}{\partial y^2}+\frac{\partial^2}{\partial z^2}\right)+V(\boldsymbol{x})\right]\psi(\boldsymbol{x},t) \quad (11.18)$$

が成立しているものとして,

[*5] この二つの $\boldsymbol{x}$ の違いは, 流体力学でのラグランジュ (Lagrange) の方法とオイラー (Euler) の方法の違いと本質的に同じである.

11 波動関数と物理量

と

$$\frac{\partial}{\partial t}\psi(\boldsymbol{x},t) = \frac{-i}{\hbar}\left[-\frac{\hbar^2}{2m}\left(\frac{\partial^2}{\partial x^2}+\frac{\partial^2}{\partial y^2}+\frac{\partial^2}{\partial z^2}\right)+V(\boldsymbol{x})\right]\psi(\boldsymbol{x},t) \quad (11.19)$$

$$\frac{\partial}{\partial t}\psi^*(\boldsymbol{x},t) = \frac{i}{\hbar}\left[-\frac{\hbar^2}{2m}\left(\frac{\partial^2}{\partial x^2}+\frac{\partial^2}{\partial y^2}+\frac{\partial^2}{\partial z^2}\right)+V(\boldsymbol{x})\right]\psi^*(\boldsymbol{x},t) \quad (11.20)$$

を代入する．すると，この式は

$$\int d^3\boldsymbol{x}\left[\psi^*(\boldsymbol{x},t)x\underbrace{\frac{-i}{\hbar}\left\{-\frac{\hbar^2}{2m}\left(\frac{\partial^2}{\partial x^2}+\frac{\partial^2}{\partial y^2}+\frac{\partial^2}{\partial z^2}\right)+V(\boldsymbol{x})\right\}\psi(\boldsymbol{x},t)}_{\frac{\partial}{\partial t}\psi(\boldsymbol{x},t)}\right.$$
$$\left.+\underbrace{\frac{i}{\hbar}\left[-\frac{\hbar^2}{2m}\left(\frac{\partial^2}{\partial x^2}+\frac{\partial^2}{\partial y^2}+\frac{\partial^2}{\partial z^2}\right)+V(\boldsymbol{x})\right]\psi^*(\boldsymbol{x},t)}_{\frac{\partial}{\partial t}\psi^*(\boldsymbol{x},t)}x\psi(\boldsymbol{x},t)\right]$$
$$(11.21)$$

となる．ここで $V(\boldsymbol{x})$ に比例する部分は同じものが逆符号になっているので消える．整理すると計算すべきものは

$$\frac{i\hbar}{2m}\int d^3\boldsymbol{x}\left[\psi^*(\boldsymbol{x},t)x\left(\frac{\partial^2}{\partial x^2}+\frac{\partial^2}{\partial y^2}+\frac{\partial^2}{\partial z^2}\right)\psi(\boldsymbol{x},t)\right.$$
$$\left.-\left\{\left(\frac{\partial^2}{\partial x^2}+\frac{\partial^2}{\partial y^2}+\frac{\partial^2}{\partial z^2}\right)\psi^*(\boldsymbol{x},t)\right\}x\psi(\boldsymbol{x},t)\right] \quad (11.22)$$

となる．第2項の ψ^* の方にかかっている微分が $\psi(\boldsymbol{x},t)$ の方にかかってくれれば，第1項と第2項が同じ形になってまとまってくれそうである．

【念のための注】 この部分は，「これなら知っている」という人は読まなくてよい．
こんなふうに「左にかかっている微分 $[(\partial A/\partial x)B]$ を右にかかった微分 $[A(\partial B/\partial x)]$ に変えたい」というときに使える計算が「部分積分」である．
部分積分の公式を確認しておくと，

$$\int_a^b f(x)\frac{dg(x)}{dx}dx = \underbrace{[f(x)g(x)]_a^b}_{\text{表面項}} - \int_a^b \frac{df(x)}{dx}g(x)dx \quad (11.23)$$

である．この式は，微分の「ライプニッツ則」

$$\frac{d}{dx}(f(x)g(x)) = \frac{df(x)}{dx}g(x)+f(x)\frac{dg(x)}{dx} \quad (11.24)$$

11.4 期待値の意味で成立する古典力学・交換関係　　145

から，右辺第1項を移項して $(\mathrm{d}/\mathrm{d}x)(f(x)g(x)) - (\mathrm{d}f(x)/\mathrm{d}x)g(x) = f(x)(\mathrm{d}g(x)/\mathrm{d}x)$ という式を作ってから両辺を定積分すれば得られる（得られる式は式 (11.23) とは左辺と右辺が逆）．「表面項」と書いた部分は，$x=a$ と $x=b$ が積分の端っこ（＝表面）なのでこうよばれる．

【念のための注終わり】

このとき，積分範囲の端っこ（たいていの場合は $x = \pm\infty$ だろう）では ψ やその微分が 0 になっているとして，表面項は無視しよう．部分積分の結果は，まず y に関する微分に対しては[*6]，

$$\int \mathrm{d}^3\boldsymbol{x} \frac{\partial^2 \psi^*(\boldsymbol{x},t)}{\partial y^2} x\psi(\boldsymbol{x},t) = -\int \mathrm{d}^3\boldsymbol{x} \frac{\partial \psi^*(\boldsymbol{x},t)}{\partial y} \frac{\partial (x\psi(\boldsymbol{x},t))}{\partial y}$$
$$= \int \mathrm{d}^3\boldsymbol{x}\, \psi^*(\boldsymbol{x},t) \frac{\partial^2 (x\psi(\boldsymbol{x},t))}{\partial y^2} = \int \mathrm{d}^3\boldsymbol{x}\, \psi^*(\boldsymbol{x},t) x \frac{\partial^2 \psi(\boldsymbol{x},t)}{\partial y^2} \quad (11.25)$$

となる．$\partial/\partial y$ は x を微分しないことに注意しよう．y 微分に関しては式(11.22)の第1項と第2項で相殺することがわかる（z 微分に関しても同様）．最後に x 微分に関して計算すると，

$$\int \mathrm{d}^3\boldsymbol{x} \frac{\partial^2 \psi^*(\boldsymbol{x},t)}{\partial x^2} x\psi(\boldsymbol{x},t) = -\int \mathrm{d}^3\boldsymbol{x} \frac{\partial \psi^*(\boldsymbol{x},t)}{\partial x} \frac{\partial (x\psi(\boldsymbol{x},t))}{\partial x}$$
$$= \int \mathrm{d}^3\boldsymbol{x}\, \psi^*(\boldsymbol{x},t) \frac{\partial^2 (x\psi(\boldsymbol{x},t))}{\partial x^2} \quad (11.26)$$

となるが，今度は $\partial/\partial x$ が x も微分するので，

$$\frac{\partial^2 (x\psi(\boldsymbol{x},t))}{\partial x^2} = x\frac{\partial^2 \psi(\boldsymbol{x},t)}{\partial x^2} + 2\frac{\partial \psi(\boldsymbol{x},t)}{\partial x} \quad (11.27)$$

となり（2階微分であることにも注意），最終的な答は

$$\int \mathrm{d}^3\boldsymbol{x}\, \psi^*(\boldsymbol{x},t)\left(x\frac{\partial^2 \psi(\boldsymbol{x},t)}{\partial x^2} + 2\frac{\partial \psi(\boldsymbol{x},t)}{\partial x}\right) \quad (11.28)$$

となる．この第1項は式(11.22)に最初からあった $(\partial^2/\partial x^2)\psi(\boldsymbol{x},t)$ の項と消し合う．残るのは，

[*6] 前にも書いたが，$\mathrm{d}^3\boldsymbol{x}$ という記号は $\mathrm{d}x\,\mathrm{d}y\,\mathrm{d}z$ の省略形であることに注意．つまりこの積分には y 積分や z 積分も含まれている．

$$\frac{\mathrm{d}}{\mathrm{d}t}\int \mathrm{d}^3\boldsymbol{x}\,\psi^*(\boldsymbol{x},t)x\psi(\boldsymbol{x},t) = \frac{-i\hbar}{m}\int \mathrm{d}^3\boldsymbol{x}\,\psi^*(\boldsymbol{x},t)\frac{\partial}{\partial x}\psi(\boldsymbol{x},t) \tag{11.29}$$

となる．式(11.29)の右辺は，順番を少し変えることで，

$$\frac{1}{m}\int \mathrm{d}^3\boldsymbol{x}\,\psi^*(\boldsymbol{x},t)\left(-i\hbar\frac{\partial}{\partial x}\right)\psi(\boldsymbol{x},t) \tag{11.30}$$

のように，ψ^* と ψ の間に運動量演算子 $-i\hbar\partial/\partial x$ がはさまった形になっている．よって，

$$\frac{\mathrm{d}}{\mathrm{d}t}\langle x\rangle = \frac{1}{m}\langle p\rangle \tag{11.31}$$

が示されたことになる．$p = m(\mathrm{d}x/\mathrm{d}t)$ という，古典力学的には当たり前の式が，量子力学の中ではこのように期待値の形で実現することになる．

なお，ここで行ったのは $\langle x\rangle$ の計算であるが，x をはさまない $\int \psi^*(\boldsymbol{x},t)\psi(\boldsymbol{x},t)\mathrm{d}^3\boldsymbol{x}$ を時間微分すると 0 になることが計算できる[*7]．こうなるのは当然で，もしこうならなかったら，$\int \psi^*(\boldsymbol{x},t)\psi(\boldsymbol{x},t)\mathrm{d}^3\boldsymbol{x} = 1$，つまり全確率が 1 であるという条件が，時間がたつと成立しなくなってしまう．

11.4.2 運動量の期待値の時間変化

次に，期待値 $\langle \boldsymbol{p}\rangle$ がどのように時間変化するかを計算してみよう．式(11.20)と同様にシュレーディンガー方程式 $i\hbar\partial/\partial t\psi = H\psi$ と，シュレーディンガー方程式の複素共役である $-i\hbar\partial/\partial t\psi^* = (H\psi)^*$ を使いつつ運動量の x 成分について計算を行うと，

$$\frac{\mathrm{d}}{\mathrm{d}t}\int \psi^*(\boldsymbol{x},t)\left(-i\hbar\frac{\partial}{\partial x}\right)\psi(\boldsymbol{x},t)\mathrm{d}^3\boldsymbol{x}$$
$$= \int\left[\underbrace{\frac{\partial \psi^*(\boldsymbol{x},t)}{\partial t}}_{\frac{i}{\hbar}(H\psi(\boldsymbol{x},t))^*}\left(-i\hbar\frac{\partial}{\partial x}\right)\psi(\boldsymbol{x},t)\right.$$

[*7] 演習問題**11.2** を参照．しかし具体的に計算しなくても，ここでの計算がこうも複雑になったのは x が挟まっていたからであり，それがなければ答が 0 になることは理解できるだろう．

$$+ \psi^*(\boldsymbol{x},t)\left(-i\hbar\frac{\partial}{\partial x}\right)\underbrace{\frac{\partial\psi(\boldsymbol{x},t)}{\partial t}}_{\frac{-i}{\hbar}(H\psi(\boldsymbol{x},t))}\Bigg]\mathrm{d}^3\boldsymbol{x}$$

$$= \frac{i}{\hbar}\int\Bigg[(H\psi(\boldsymbol{x},t))^*\left(-i\hbar\frac{\partial\psi(\boldsymbol{x},t)}{\partial x}\right)$$

$$-\psi^*(\boldsymbol{x},t)\left(-i\hbar\frac{\partial(H\psi(\boldsymbol{x},t))}{\partial x}\right)\Bigg]\mathrm{d}^3\boldsymbol{x}$$

$$= \int\Bigg[(H\psi(\boldsymbol{x},t))^*\frac{\partial\psi(\boldsymbol{x},t)}{\partial x} - \psi^*(\boldsymbol{x},t)\frac{\partial(H\psi(\boldsymbol{x},t))}{\partial x}\Bigg]\mathrm{d}^3\boldsymbol{x} \tag{11.32}$$

となる．ここで $H = -(\hbar^2/2m)\left[(\partial^2/\partial x^2) + (\partial^2/\partial y^2) + (\partial^2/\partial z^2)\right] + V(x)$ であることを使おう．H のうち x 微分を含む項 $-(\hbar^2/2m)(\partial^2/\partial x^2)$（$x$ 方向の運動エネルギーに対応する項）に関しては，

$$\frac{\partial^2\psi^*(\boldsymbol{x},t)}{\partial x^2}\frac{\partial\psi(\boldsymbol{x},t)}{\partial x} - \psi^*(\boldsymbol{x},t)\frac{\partial^3\psi(\boldsymbol{x},t)}{\partial x^3} \tag{11.33}$$

に比例する形になっている．これは例によって 2 回の部分積分を行えば互いに消し合う．y 方向の運動エネルギーに対応する項は， → p144

$$\frac{\partial^2\psi^*(\boldsymbol{x},t)}{\partial y^2}\frac{\partial\psi(\boldsymbol{x},t)}{\partial x} - \psi^*(\boldsymbol{x},t)\frac{\partial^3\psi(\boldsymbol{x},t)}{\partial y^2\partial x} \tag{11.34}$$

のような形であるが，これも y に関する部分積分を 2 回やれば答は 0 となる（z 方向も同様）．

というわけで，残るのは H のうち $V(\boldsymbol{x})$ による部分のみであり，

$$\int\Bigg[(V(\boldsymbol{x})\psi(\boldsymbol{x},t))^*\frac{\partial\psi(\boldsymbol{x},t)}{\partial x} - \psi^*(\boldsymbol{x},t)\frac{\partial}{\partial x}(V(\boldsymbol{x})\psi(\boldsymbol{x},t))\Bigg]\mathrm{d}^3\boldsymbol{x} \tag{11.35}$$

であるが，後ろの項を

$$\frac{\partial}{\partial \boldsymbol{x}}(V(\boldsymbol{x})\psi(\boldsymbol{x},t)) = \frac{\partial V(\boldsymbol{x})}{\partial x}\psi(\boldsymbol{x},t) + V(\boldsymbol{x})\frac{\partial\psi(\boldsymbol{x},t)}{\partial x} \tag{11.36}$$

と計算すれば，

$$\int\psi^*(\boldsymbol{x},t)\left(-\frac{\partial V(\boldsymbol{x})}{\partial x}\right)\psi(\boldsymbol{x},t)\,\mathrm{d}^3\boldsymbol{x} \tag{11.37}$$

が最終結果となる．これは $-\partial V(\boldsymbol{x})/\partial x$ の期待値である．運動量の時間微分は古典力学では力であり，力が位置エネルギーの微分 $\times(-1)$ で書かれるというのは古典力学の運動方程式そのものである．量子力学の中に「期待値に関する方程式」として運動方程式が入っていることがわかる．

問　題

11.1 $\psi(x) = e^{3ix} + e^{ix}$ という波動関数（x の範囲は $-\pi < x < \pi$）を規格化したあと，運動量の期待値を求めよ．
→ p124
ヒント → p168 へ　解答 → p184 へ

11.2 1次元のシュレーディンガー方程式 $i\hbar(\partial\psi(x,t)/\partial t) = [-(\hbar^2/2m)(\partial^2/\partial x^2) + V(x)]\psi(x,t)$ を考える．$\int \psi^*(x,t)\psi(x,t)\mathrm{d}x$ の値は時間がたっても変化しない（確率の保存則）ことを，シュレーディンガー方程式とその複素共役から作られる式を使って証明せよ．
ヒント → p168 へ　解答 → p184 へ

11.3 $\displaystyle\int_a^b \psi^*(x,t)\psi(x,t)\mathrm{d}x$ のように，積分範囲を一部分（$a < x < b$）にすると，この量は一般に保存しない．なぜなら，$x = a$ と $x = b$ という端っこから，粒子が逃げ出していく（あるいは外から粒子が入ってくる）からである．この式を微分すると

$$\frac{\mathrm{d}}{\mathrm{d}t}\int_a^b \psi^*(x,t)\psi(x,t)\mathrm{d}x = [J(x,t)]_a^b = J(a,t) - J(b,t)$$

の形に直すことができるが，この $J(x,t)$ は場所 x において粒子の存在確率が正方向へどれくらい流れていくかを表す量である．$\psi(x,t)$ が

$$i\hbar\frac{\partial \psi(x,t)}{\partial t} = \left[-\frac{\hbar^2}{2m}\frac{\partial^2}{\partial x^2} + V(x)\right]\psi(x,t)$$

を満たしている場合について，$J(x,t)$ を求めよ．
ヒント → p168 へ　解答 → p185 へ

12 入門の終わり——井戸型ポテンシャルを例に

ここまでで，量子力学がどのように作られ，どのようにして自然を記述しているのか，とりあえずの入門は果たせたのではないかと思う．最後のこの章では，一つの練習問題（井戸型ポテンシャル）を解きながら，量子力学を使ってどのような現象が記述できるのかを説明していこう．

12.1 井戸型ポテンシャル

いろいろな状況について問題を考えるのは紙面が許さないので，ここでは「井戸型ポテンシャル」という一つの問題のみを取り上げる．井戸型ポテンシャルは非常に単純化したモデルではあるが，現実的なたくさんのモデルに通じるいろいろな性質をもっていて，これを勉強するだけでもある程度，量子力学の本質的な部分を理解することはできる．

12.1.1 1次元井戸型ポテンシャル内粒子の波動関数

井戸型ポテンシャルとは（以下は1次元で考える），

$$V(x) = \begin{cases} V_0 & (x < -\delta) \\ 0 & (-\delta < x < \delta) \\ V_0 & (\delta < x) \end{cases} \tag{12.1}$$

のように，「位置エネルギーがある領域（上の例では $-\delta < x < \delta$）でのみ低い」という状況を指す．$-\delta < x < \delta$ がいわば「井戸の中」である（図では II と示した．井戸の外が I と III）．

12 入門の終わり——井戸型ポテンシャルを例に

古典力学的運動その1：
井戸の中をいったりきたり

古典力学的運動その2：
井戸に落ちるがまた這い上がる

図 **12.1** 古典力学的井戸型ポテンシャル

古典力学であれば，このときの運動は図 12.1 のような二つの場合が考えられるだろう．以下では主に「その1」に対応するケースを考える．

シュレーディンガー方程式は $i\hbar(\partial/\partial t)\psi(x,t) = [-(\hbar^2/2m)(\partial^2/\partial x^2)+V(x)]\psi(x,t)$ であるが，ここで，以後はエネルギー固有状態を考えることにして，解が $\psi(x,t) = \phi(x)e^{-i/t}$ という形をしていると仮定する．解くべき方程式は

$$i\hbar\frac{\partial}{\partial t}\left(\phi(x)e^{-i\omega t}\right) = \left[-\frac{\hbar^2}{2m}\frac{\partial^2}{\partial x^2} + V(x)\right]\phi(x)e^{-i\omega t}$$

$$E\,\phi(x) = \left[-\frac{\hbar^2}{2m}\frac{\partial^2}{\partial x^2} + V(x)\right]\phi(x) \tag{12.2}$$

である（$E = \hbar\omega$）．解を三つの領域（I, II, III で表す）に分けて考えて，

$$\begin{cases} 領域\,\mathrm{I}: & E\,\phi(x) = \left[-\dfrac{\hbar^2}{2m}\dfrac{\partial^2}{\partial x^2} + V_0\right]\phi(x) & (x < -\delta) \\[2pt] 領域\,\mathrm{II}: & E\,\phi(x) = \left[-\dfrac{\hbar^2}{2m}\dfrac{\partial^2}{\partial x^2}\right]\phi(x) & (-\delta < x < \delta) \\[2pt] 領域\,\mathrm{III}: & E\,\phi(x) = \left[-\dfrac{\hbar^2}{2m}\dfrac{\partial^2}{\partial x^2} + V_0\right]\phi(x) & (\delta < x) \end{cases} \tag{12.3}$$

を解く．この微分方程式は，係数が定数であり，かつ変数 ϕ に関して線形同次という条件を満たしているので，$\phi = e^{iKx}$ の形の解をもつ．それを代入すると，

$$\begin{cases} 領域\,\mathrm{I}: & \hbar\omega\,e^{iKx} = \left[\dfrac{\hbar^2 K^2}{2m} + V_0\right]e^{iKx} & (x < -\delta) \\[2pt] 領域\,\mathrm{II}: & \hbar\omega\,e^{iKx} = \dfrac{\hbar^2 K^2}{2m}e^{iKx} & (-\delta < x < \delta) \\[2pt] 領域\,\mathrm{III}: & \hbar\omega\,e^{iKx} = \left[\dfrac{\hbar^2 K^2}{2m} + V_0\right]e^{iKx} & (\delta < x) \end{cases} \tag{12.4}$$

という答になる．$-\delta < x < \delta$ の領域では

12.1 井戸型ポテンシャル

$$\hbar\omega = \frac{\hbar^2 K^2}{2m} \quad \text{より} \quad K = \pm\sqrt{\frac{2m\omega}{\hbar}} \tag{12.5}$$

それ以外の領域では

$$\hbar\omega = \frac{\hbar^2 K^2}{2m} + V_0 \quad \text{より} \quad K = \pm\sqrt{\frac{2m(\hbar\omega - V_0)}{\hbar^2}} \tag{12.6}$$

ここで，$\hbar\omega$ と V_0 のどっちが大きいかで $x < -\delta$ と $x > \delta$ の領域での解のふるまいが大きく変わるのだが，ここでは $V_0 > \hbar\omega$ の場合を考えよう[*1]．その場合，$K = \pm i\sqrt{2m(V_0 - \hbar\omega)/\hbar^2}$ となる（ルートの中身の引算が逆向きになり，これでルートの中が正の数になったことに注意）．

K の値が（各領域ごとに）二つずつ出たが，2 階微分方程式の解は 2 個の未定パラメータを含むものであるから，二つの独立な解が出てちょうどよい．

$$\begin{cases} \text{領域 I}: \phi_{\text{I}}(x) = Ae^{\kappa x} + Be^{-\kappa x} & (x < -\delta) \\ \text{領域 II}: \phi_{\text{II}}(x) = Ce^{ikx} + De^{-ikx} & (-\delta < x < \delta) \\ \text{領域 III}: \phi_{\text{III}}(x) = Ee^{\kappa x} + Fe^{-\kappa x} & (\delta < x) \end{cases} \tag{12.7}$$

となる．ただし，$\kappa = \sqrt{2m(V_0 - \hbar\omega)/\hbar^2}$，$k = \sqrt{2m\omega/\hbar}$ である[*2]．

$-\delta < x < \delta$ での波は e^{ikx} と e^{-ikx} の線形結合であるから，別の書き方をすれば $\cos kx$ と $\sin kx$ の線形結合である．一方，それ以外の領域では $e^{\kappa x}$ と $e^{-\kappa x}$ という形になる．「波動関数」という名前ではあるが，井戸の外の波動関数は，波にはならない．

ここで，$Be^{-\kappa x}$ と $Ee^{\kappa x}$ はこの問題の解として不適である．$e^{\kappa x}$ は $x \to \infty$ で，$e^{-\kappa x}$ は $x \to -\infty$ で無限大に発散してしまう．波動関数は規格化して初めて「確率密度」という意味が出てくる．しかし，$\int \psi^*(x,t)\psi(x,t)\,dx = \infty$ になってしまっては規格化できないし，そんな関数は「$x = \infty$ か $x = -\infty$ にいる確率が最大」という状態を表していることになってしまう．よって，解は $Be^{-\kappa x}$ と $Ee^{\kappa x}$ を含まない，図 12.2 のような形になる．

[*1] $\hbar\omega \geqq V_0$ のときについてはここでは考慮しない．演習問題 **12.2** を参照．
[*2] κ と k は違う文字なので区別するように．κ はギリシャ文字で，「カッパ」と読む．

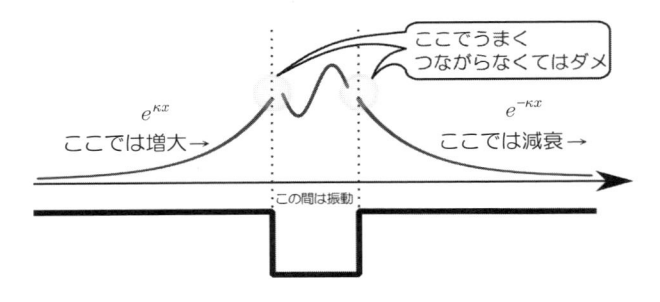

図 12.2　井戸型ポテンシャル内の波動関数

12.1.2　接続条件

図 12.2 に示したように，$x = -\delta$ と $x = \delta$ で波動関数はうまくつながらなくてはいけない．これを「接続条件」とよび，

$$\phi_{\mathrm{I}}(-\delta) = \phi_{\mathrm{II}}(-\delta), \quad \frac{\partial \phi_{\mathrm{I}}(-\delta)}{\partial x} = \frac{\partial \phi_{\mathrm{II}}(-\delta)}{\partial x}$$
$$\phi_{\mathrm{II}}(\delta) = \phi_{\mathrm{III}}(\delta), \quad \frac{\partial \phi_{\mathrm{II}}(\delta)}{\partial x} = \frac{\partial \phi_{\mathrm{III}}(\delta)}{\partial x} \tag{12.8}$$

となる．つまり，境界（$x = -\delta$ と $x = \delta$）で波動関数の値と，その 1 階微分の値を一致させる．

なお，角振動数 ω はすべての領域で共通としたが，そうでなかったら $\phi(x)$ が境界条件を満たしても $\psi(x, t)$ が接続条件を満たさなくなってしまう．

───【よくある質問】2 階微分は一致させなくてよいの？───

2 階微分はシュレーディンガー方程式によって

$$\frac{\partial^2 \phi(x)}{\partial x^2} = \frac{-2m}{\hbar^2} (E - V(x)) \phi(x) \tag{12.9}$$

と決まるものなので，それ以上に条件をつける必要はない（というより，つけられない）．逆にいえば 1 階微分がなぜつながらなくてはいけないかというと，1 階微分がつながってなかったら 2 階微分が定義できない（無理やり計算すれば発散する）からである．ただし，2 階微分が発散するべき状況（ポテンシャル $V(x)$ がデルタ関数を含むときなど）では 1 階微分がつながらないこともある．

さて，まずは細かい計算は省いて，解の一例を示そう．図 12.3 は基底状態すなわちもっともエネルギーの低い状態の解を表す．

12.1 井戸型ポテンシャル   153

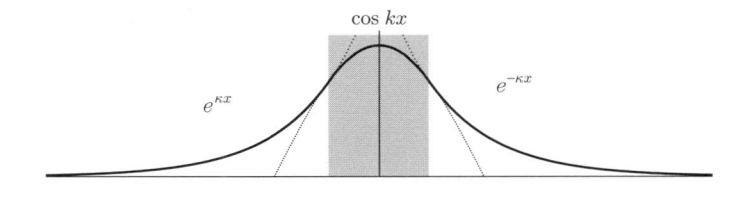

図 12.3 井戸型ポテンシャル内の基底状態

このとき，井戸の中の解は $\psi(x,t) = C' \cos kx \, e^{-i\omega t}$（$C'$ は定数）のようになっていて，確率密度が

$$\psi^*(x,t)\psi(x,t) = (C')^* \cos kx \underbrace{e^{i\omega t}}_{\text{消える}\rightarrow} C \cos kx \underbrace{e^{-i\omega t}}_{\leftarrow\text{消える}} = |C'|^2 \cos^2 kx \tag{12.10}$$

となって時間によらない（これは井戸の外でも同様）．

次にエネルギーが大きい状態（第 1 励起状態）を図 12.4 に示した．この場合の k, κ の大きさは，同じ文字を使っているが基底状態のものとは違う値になっている．同じ幅 2δ の中により多くの波が入っているから，波数 k は基底状態より大きいことになる．これはエネルギー $\hbar\omega = \hbar^2 k^2/2m$ が基底状態より大きいということだから，$\kappa = \sqrt{2m(V_0 - \hbar\omega)/\hbar^2}$ の方は逆に小さくなる．

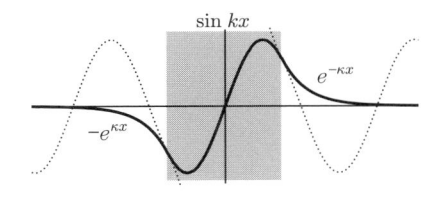

図 12.4 井戸型ポテンシャル内の第 1 励起状態

ここで，k と κ の間には，接続条件からくる制限（演習問題 **12.1** 参照）と，シュ
→ p161
レーディンガー方程式からくる制限（$\kappa = \sqrt{2m(V_0 - \hbar\omega)/\hbar^2}, k = \sqrt{2m\omega/\hbar}$）の二つがあるため，どんな値でもとることができるわけではない，という点が重要である．

ここで計算した井戸型ポテンシャルには，量子力学の計算のエッセンスが入っている．計算を単純にするために「井戸型」という（現実にはありえない）矩

形のポテンシャルをおいたわけだが，より現実的な「粒子が何かの引力で束縛されている」という状況においても，計算の本質はほぼ，この節で考えた通りである．

シュレーディンガーが最初に解いたシュレーディンガー方程式は水素原子のものであり，そこでは運動エネルギー $|\bm{p}|^2/2m$ と位置エネルギー $-ke^2/r$ を含むハミルトニアンを使っていた．図 12.5 にポテンシャルと波動関数の解の概略を示した．井戸型ポテンシャルの場合に比べ，連続的に変化する位置エネルギーだから解くのは大変になるが，井戸型ポテンシャルの場合と同様，「古典的に許される領域の外に出ると exp 的に減衰して」という傾向は同じである．そして，水素原子に限らずさまざまな問題を同様に（もちろん計算は面倒になるのだが）解いていくことができる．

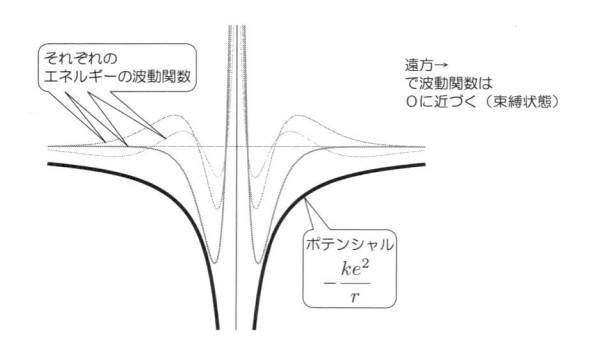

図 **12.5** 水素原子の波動関数の概略図

12.2 井戸型ポテンシャルに束縛された波動関数の特徴

この節では，前節で解いた「井戸型ポテンシャル」という練習問題で扱った現象が，どこが古典力学と違ってくるか，そして（古典力学とは違う現象が）どのように現実の世界に現れているかを説明していく．

12.2.1 古典力学との大きな違い：運動はどこに？

さて，式(12.10)のところでも触れたようにこうやって作った井戸型ポテンシャルの「基底状態」というのは，確率密度 $\psi^*(x,t)\psi(x,t)$ が時間によらない定数

12.2 井戸型ポテンシャルに束縛された波動関数の特徴

となってしまう[*3]．図12.1で表したような「いったりきたりする粒子」を頭に置いて計算を開始したはずなのに，これはいかなることか？
→ p150

実際基底状態における x の期待値を計算してみると，答は $\langle x \rangle = 0$ となる．これは，波動関数が奇関数で，積分範囲が対称なのだから計算するまでもない．実は第一励起状態で計算してもやはり 0 である．

この本の中で何度もくり返してきたことだが，われわれが古典力学的に考えるときに頭に思い浮かべているような「一点に粒子が存在している」という状況に近い，「一点に局在した波動関数」を作るためには，複数の波を重ね合わせなくてはいけない．よって，基底状態のような「重ね合わされていない波」で「粒子がどこにいるのか」を考えるのはあまり意味がない．

基底状態 $\psi_0(x,t)$ と第一励起状態 $\psi_1(x,t)$ の重ね合わせ $A\psi_0(x,t)+B\psi_1(x,t)$ に対して x の期待値を計算すると，

$$\int \Big(A^*\psi^*_0(x,t) + B^*\psi^*_1(x,t)\Big) x \Big(A\psi_0(x,t) + B\psi_1(x,t)\Big) \mathrm{d}x$$
$$= \int \Big(A^*\psi^*_0(x,t)\, x\, A\psi_0(x,t) + B^*\psi^*_1(x,t)\, x\, B\psi_1(x,t)\Big) \mathrm{d}x$$
$$+ \int \Big(A^*\psi^*_0(x,t)\, x\, B\psi_1(x,t) + B^*\psi^*_1(x,t)\, x\, A\psi_0(x,t)\Big) \mathrm{d}x \tag{12.11}$$

となるが，最後の式の1行めは $\psi_0(x,t) = \phi_0(x)e^{-i\omega_0 t}, \psi_1(x,t) = \phi_1(x)e^{-i\omega_1 t}$ を代入すると，

$$\int A^*\psi^*_0(x,t)\, x\, A\psi_0(x,t)\mathrm{d}x = A^*A \int \phi^*_0(x) \underbrace{e^{i\omega_0 t}}_{\text{消える}\to}\, x\, \phi_0(x) \underbrace{e^{-i\omega_0 t}}_{\leftarrow\text{消える}} \mathrm{d}x$$
$$= A^*A \int \phi^*_0(x)\, x\, \phi_0(x) \mathrm{d}x \tag{12.12}$$

となって時間によらなくなる（$\psi^*_1 x \psi_1$ の項も同様）．しかし2行めは，

$$\int A^*\psi^*_0(x,t)\, x\, B\psi_1(x,t)\mathrm{d}x = A^*B \int \phi^*_0(x)e^{i\omega_0 t}\, x\, \phi_1(x)e^{-i\omega_1 t}\mathrm{d}x$$
$$= A^*B e^{i(\omega_0-\omega_1)t} \int \phi^*_0(x)\, x\, \phi_1(x)\mathrm{d}x \tag{12.13}$$

[*3] 一つの確定したエネルギーをもつ状態（エネルギー固有状態）ならば，つねに確率密度は時間によらない定数になってしまうのである．

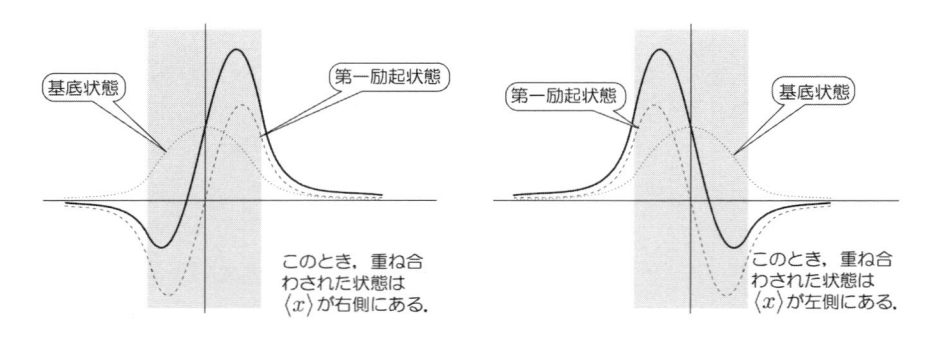

156   12 入門の終わり——井戸型ポテンシャルを例に

[図：基底状態と第一励起状態の重ね合わせ。左側では〈x〉が右側にあり、右側では〈x〉が左側にある]

図 12.6 　 x の期待値の「運動」

およびこれの複素共役となって，時間に依存する項（角振動数 $\omega_1 - \omega_0$ で振動する項）が残る．

　$\langle x \rangle$ の振動の様子を図で表現すると図 12.6 のようになる．二つの波が重なりあうことで，強めあう場所が時間変化する．これが古典力学での「運動」の量子力学での現れである．

12.2.2 　古典力学との大きな違い：エネルギーの離散化

　少し前で説明したように，波動関数の接続条件は k と κ の間に一つの関係を課する（詳しい計算は演習問題 **12.1** を見よ）．一方，シュレーディンガー方程式から $\hbar\omega = \hbar^2 k^2 / 2m$ と $\hbar\omega = -\hbar^2 \kappa^2 / 2m + V_0$ であったから，

$$\frac{\hbar^2 k^2}{2m} = -\frac{\hbar^2 \kappa^2}{2m} + V_0 \tag{12.14}$$

という条件も課されている．二つの変数 k, κ に二つの条件が課されることは，k, κ は一つ（二次方程式であることを考慮しても二つ）に決まってしまいそうである．ところが演習問題 **12.1** の解答を見るとわかるように，接続条件から来る条件には未定の整数 n が含まれているから，n のとりうる値の数だけの解が出る（ただし，n がとりうる解の数は 1 個しかないこともある）[*4]．

　この接続条件は「波動関数が連続的に定義できる条件」であるから，ボーアの量子条件の代わりであるともいえる（量子条件は 1 周して波動関数がつながる

[*4] この方程式は普通に式変形したのでは求めることができず，数値的にあるいはグラフなどの助けを借りて解く必要がある．

条件だった).量子条件が水素原子のエネルギーを特定の値に定めるように,接続条件が k や κ の値を決め,それは結局 $\hbar\omega$ すなわちエネルギーの値を決めているのである.しかも許されるエネルギーは離散的な値をとり,古典力学のように,どんな値でもよい,ということにはならなくなる[*5].

なお,量子力学の解説書(とくに一般向けのもの)では,よく,

> 量子力学には**不確定性関係**があるから,最低エネルギー状態でも物体は静止してない(静止できない).そのため最低エネルギーでもエネルギーは **0** にならない.

という書き方がされる.たしかに最低エネルギー状態であっても粒子は運動エネルギーをもっていることになっている.

しかし,この「静止してない」を古典力学的な意味での「運動している」と同義にとってはいけないという点には注意すべきである.前の節でも説明したように,古典力学的な "運動"($\langle x \rangle$ が時間変化するという意味での "運動")は,いくつかの違うエネルギー固有状態を重ね合わせなくてはできない.最低エネルギー状態は「最低の固有値をもつエネルギーの固有状態」なのだから,「いくつかの違うエネルギー固有状態を重ね合わせ」ておらず,そもそも "運動" が定義できる状態にはないのである.もしも上の文章を「本当は[*6]粒子は静止したいのだが,不確定性関係のためにふらふらと動き回って運動エネルギーをもってしまう」というふうな感覚で読んでしまったとしたら,まだあなたの頭は古典力学から脱しきれていないということである.

12.2.3　古典力学との大きな違い:波動関数の染み出し

ここで,$x < -\delta$ と $\delta < x$ の領域について注意しておこう.量子力学では,古典力学の "運動" を波動関数 $\psi(x,t)$ の時間変化による「期待値の移動」として実現しているが,実は波動関数によって表される「状態」は古典力学の "運動" よりずっと広い範囲の "状態" をカバーしているのである.その一つの現れが「運動エネルギーがマイナスの領域」[*7]が出現することである.

[*5] これは実は束縛条件があるときの特徴.いつでもエネルギーが離散的になるわけではない.
[*6] 物理を勉強するときは,誰かが「本当は~」などといったら即座に「その『本当』って何なんだよ」と問い詰めるぐらいの感覚をもった方がよい.
[*7] 括弧つきで表現したが,単純に「運動エネルギーがマイナスになる」というわけではない.以下の説明を読んでじっくり理解すること.

シュレーディンガー方程式

$$i\hbar\frac{\partial}{\partial t}\psi(x,t) = \left[\underbrace{-\frac{\hbar^2}{2m}\frac{\partial^2}{\partial x^2}}_{\text{運動エネルギー}\atop\text{に対応する部分}} + V(x)\right]\psi(x,t) \tag{12.15}$$

の $-(\hbar^2/2m)(\partial^2/\partial x^2)$ の部分が「運動エネルギー」を表す部分で，この項は古典力学的には $p^2/2m = (1/2)mv^2$ になる．ただしこの対応は「=」で結べる関係ではないことには注意が必要である．

$(1/2)mv^2$ と書いたとき，これは必然的に 0 以上の量になる．ところが量子力学ではそうではない．式(12.7)の $-\delta < x < \delta$ の範囲では運動エネルギーに対応する部分が正であるが，$x < -\delta$ と $\delta < x$ の領域では負となる．
→ p151

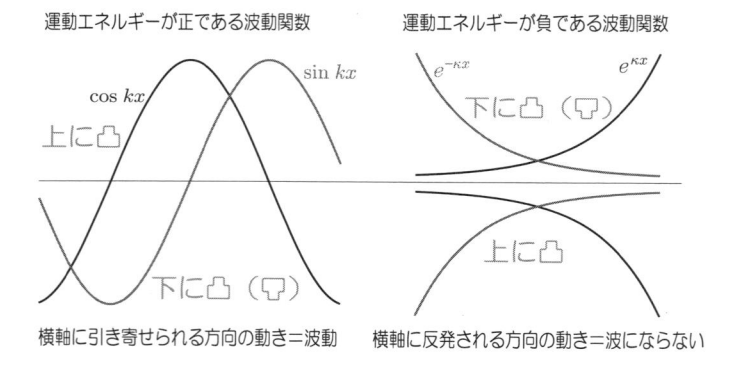

図 12.7　波動関数の概形

ここで「運動エネルギーに対応する部分」とよんでいる量は「$-(\hbar^2/2m) \times 2$ 階微分」の固有値である．運動エネルギーが正だということは 2 階微分の固有値が負であることを意味する．これは図にも示したように，グラフの線が x 軸に引き寄せられるような進み方をすることを意味する（運動エネルギーが負の場合はこの逆）．これはいわば，$\psi = 0$ を平衡点とするような復元力（$\psi = 0$ に戻そうとする力）が働いていることを意味するから，振動が起こることになるわけである[*8]．

[*8] 2 階微分は負ならば上に凸，正ならば下に凸（凵）というふうにグラフの曲がり具合を表すことに注意．

たとえばシュレーディンガーが最初に解いたシュレーディンガー方程式は束縛状態にある水素原子であり，その古典力学的全エネルギー $|\boldsymbol{p}|^2/2m - ke^2/r$ は負の量である[*9]．古典的な場合は運動エネルギー $|\boldsymbol{p}|^2/2m$ は正，位置エネルギー $-ke^2/r$ は絶対値が運動エネルギーより大きい負，でトータルが負になっていた．量子力学では運動エネルギーが負の領域でも波動関数（波動の形ではなくなるのだが）が 0 でないことが許される．実際，そのようにして解いた水素原子のシュレーディンガー方程式が，水素原子に関する実験と矛盾しない解を出すことが確認されている（負の運動エネルギーはありえないからと解を却下してしまったら，正しい水素原子が表現できなくなってしまう！）ので，このような古典力学的にはありえないところも，シュレーディンガー方程式によって正しく記述されていると考えなくてはいけない．

【補足】━━━━━━━━━━━━━━━━この部分は最初に読むときは飛ばしてもよい．

ではわれわれが普段「運動エネルギーが負の状態」を見たことがない（と思っている）のはなぜかというと，ここで出てきた因子 $\exp\left[-(\sqrt{2m(V_0-E)}\,x/\hbar)\right]$ の小ささが原因である．m として電子の質量（$\simeq 10^{-31}$ kg），V_0-E として 1 eV 程度（$\simeq 10^{-19}$ J）をとると，$\hbar \simeq 10^{-34}$ Js なのを考慮して，$\sqrt{2m(V_0-E)}/\hbar$ は $\sqrt{10^{-31}\times 10^{-19}}/10^{-34} = 10^9$ 程度になる．よって，$x = 10^{-6}$ m (0.001 mm) としても，

$$e^{-\left[\sqrt{2m(V_0-E)}\,x/\hbar\right]} \simeq e^{10^9 \times 10^{-6}} = e^{-10^3} \simeq 10^{-435} \tag{12.16}$$

というものすごく小さい数字になる．われわれが普段日常で見るスケールで見る限り「運動エネルギーが負になる領域では波動関数は 0 だ」といっても，（ほぼ）差し支えない．これがわれわれが「運動エネルギーは 0 以上である」と思い込んでしまった理由である．しかしそれは「日常で見るスケールで見る限り」なのであって，狭い範囲ならば「運動エネルギーが負になっている波動関数」が現れるわけである．幸いなことに，このような状態が目に見えるほどに広い範囲に広がっていることはありえない．

━━━━━━━━━━━━━━━━━━━━━━━━━━━━━━━━━━【補足終わり】

12.2.4　トンネル効果とその利用

ポテンシャルの形を図 12.8 の右側のようにすると，古典力学的には侵入しないはずの場所に，量子力学的な波動関数の染み出し（前節で考えたこと）によって粒子が侵入する，ということが起こる．これを「トンネル効果」とよぶ．

この「古典力学的に許されない領域」の幅を変えると，「外に出る波動関数の

[*9] 古典力学的には，束縛状態とは「$r = \infty$ に行けない」ということ．全エネルギーが負であれば，$r = \infty$ で運動エネルギーが負になる．つまり（古典力学的には）$r = \infty$ に行けない．

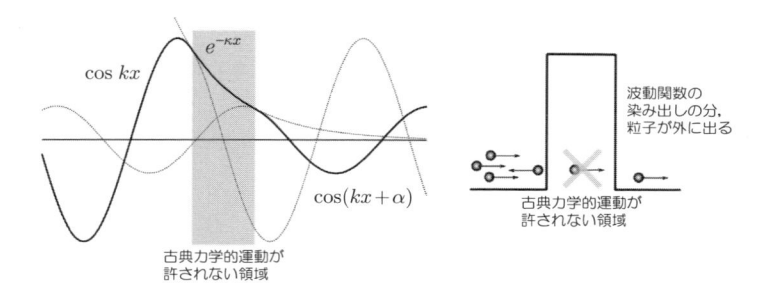

図 12.8　トンネル効果のイメージ

振幅」は指数関数的に（$e^{-(なんとか)x}$ という形で）変化する（幅の変化にたいへん敏感に波動関数の振幅が変化する！）．そこで逆にその変化をとらえることでこの領域の幅を測定しよう，という技術があり，走査型トンネル効果顕微鏡という形で実現している．この粒子として電子を使うと，「外に出る波動関数の振幅」は流れる電流[*10]の大きさから計算することができる．

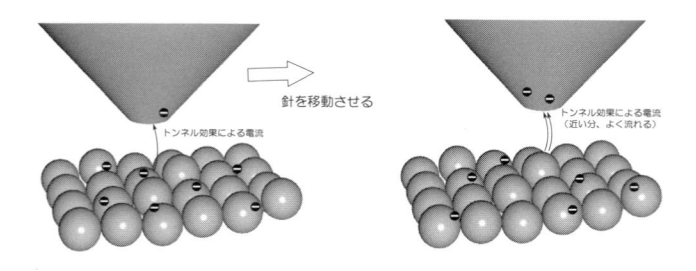

図 12.9　走査型トンネル顕微鏡

図 12.9 のように，トンネル効果が起こるような距離に電極（針）を近づけて移動させながらトンネル効果によって針の方に流れ込んでくる電流の強さを測ることで針と物質がどの程度離れているかを（原子レベルの精度で）測定することができる．これはトンネル効果という量子力学的物理現象の応用例である．

シュレーディンガー方程式は古典力学を含むように作られながら古典力学を

[*10] この場合の「電子」は1粒子ではなくたくさんの粒子なので，単純に波動関数で書けるわけではないが，1粒子の電子が「トンネル効果により向こう側に行く」確率を計算すれば，それは電流に比例してくるのはわかるであろう．

問 題

12.1 式(12.7)に，無限遠で発散しないという条件を加えて解を制限したものが
→ p151

$$\begin{cases} \phi_{\mathrm{I}}(x) = Ae^{\kappa x} & (x < -\delta) \\ \phi_{\mathrm{II}}(x) = Ce^{ikx} + De^{-ikx} & (-\delta < x < \delta) \\ \phi_{\mathrm{III}}(x) = Fe^{-\kappa x} & (\delta < x) \end{cases} \quad (12.17)$$

である．これが接続条件(12.8)を満たすためには，k, κ がどのような条件を満た
→ p152
さなくてはいけないか？
結果を $\kappa = f(k)$ の形にまとめよ．

ヒント → p168 へ　解答 → p185 へ

12.2 12.1.1節の計算を，$E = \hbar\omega > V_0$ の場合についてやり直そう．
→ p149

$$\begin{cases} \phi_{\mathrm{I}}(x) = Ae^{ik'x} + Be^{-ik'x} & (x < -\delta) \\ \phi_{\mathrm{II}}(x) = Ce^{ikx} + De^{-ikx} & (-\delta < x < \delta) \\ \phi_{\mathrm{III}}(x) = Ee^{ik'x} + Fe^{-ik'x} & (\delta < x) \end{cases} \quad (12.18)$$

のようにおいて考える．ただし，$k = \sqrt{2m\omega/\hbar}, k' = \sqrt{2m(\hbar\omega - V_0)/\hbar^2}$ である．

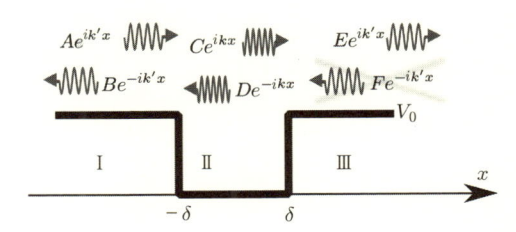

ここでは，左 ($x = -\infty$) から波がやってきたと考えて，領域IIIで左へ進む波である $Fe^{-ik'x}$ は考えないことにする（境界面で反射があるだろうから，領域Iと領域IIには左へ進む波もある）．接続条件を考えて，A, B, C, D が E の何倍になるべきかを求めよ．

ヒント → p169 へ　解答 → p187 へ

最後に：量子力学の海へと漕ぎ出す人々へ

　さて，著者としては書いても書いても書き足らない気がしてしまうが，とりあえず本書はここまでで終了である．もちろん，量子力学を使った具体的な計算，そして応用についてはまだまだ話すべきことがたくさんあるが，それは本シリーズ続刊を含む量子力学の本格的教科書で勉強していただきたい．

　序文に書いたように，1000人に1人以下しか理解していないような学問である量子力学という学問を理解するための第一歩として，この本を書いた．「量子力学入門」というタイトルの本としてはこのあたりで閉じておくべきであろうが，当然ながら読者諸氏の量子力学への旅はまだまだ続く（に，違いない）．

　量子力学を勉強するということは，「人間が"直観的に理解"しているようには，この世界は動いていない」ことを理解することである，と序文で述べた．ここまでこの本を読んできた人は，量子力学は"直観的な理解"では歯が立たないものであることを実感していただけただろうか．その難しさを理解し実感したうえで，勉強を続けていただきたい．人類がより深く世界を知り，科学技術を発展させていくためには量子力学が必要だし，何よりも量子力学を築いた先人たちのもっていた「直観に負けない探究力」が必要である．

　本書が量子力学の難しさとおもしろさを伝えるとともに，今後の読者諸氏の世界探究の旅のための糧となってくれればと願うばかりである．

章末問題のヒント

問題 1.1 のヒント .... (問題は p12, 解答は p171)

光子のエネルギーは 1 個あたり $h\nu$. 振動数 ν は波長 λ で光速を c とすると, $\nu = c/\lambda$ となる. $c = 3.0 \times 10^8 \,\mathrm{m/s}$ である.

問題 1.2 のヒント .... (問題は p12, 解答は p171)

まず, 目 (面積は 0.5×10^{-4} 平方メートル) に入ってくる光のエネルギーを計算すると,

$$2.5 \times 10^{-6} \times \frac{1}{683} \times 0.5 \times 10^{-4} \fallingdotseq 1.83 \times 10^{-13} \,\mathrm{J} \tag{1}$$

である. これが半径 10^{-6} m の球の断面に集められたとして, それが半径 10^{-10} の感光物質の 1 分子に当たるのは, さらにその 10^{-8} 倍である (面積だから半径の自乗に比例する).

問題 2.1 のヒント .... (問題は p35, 解答は p171)

$n = c/v_p$ で $v_p = \omega/k$ だから, $n = ck/\omega$ と書ける. また, 波長 $\lambda = 2\pi/k$ とすることで, 式(2.26)を k, ω と定数 A, B, c の式に書き直すことができ,
$\underset{\rightarrow \text{p35}}{}$

$$\frac{ck}{\omega} = A\left(1 + \frac{Bk^2}{4\pi^2}\right) \tag{2}$$

となる.

群速度を求めるには $d\omega/dk$ を求めればよいから, この式を (ω は k の関数であるとして) k で微分して $d\omega/dk =$ の形に整理する.

問題 2.2 のヒント .... (問題は p36, 解答は p171)

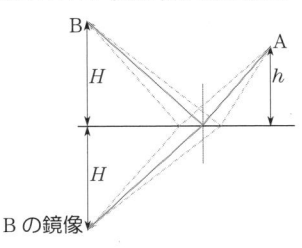

距離を計算すると,

$$\sqrt{H^2 + (L-x)^2} + \sqrt{h^2 + x^2}$$

となるから, これが最短になるときの x を探す. あるいは, 図のように「B の鏡像」を考えて最短になる線を探す.

章末問題のヒント

問題 3.1 のヒント .... (問題は p51, 解答は p172)

1 グラムあたりを 1 分子あたりに直せということなので，1 グラムに含まれる分子の数で割ればよい．グラムで測って分子量と同じだけの質量をもつ気体が，全部で 6.0×10^{23} 個である．水素，窒素は 2 原子分子．アルゴン，ヘリウムは単原子分子である．水蒸気は 3 原子分子であり，ベンゼンはもっと多い．

問題 3.2 のヒント .... (問題は p51, 解答は p172)

計算は $(3/2)k_\mathrm{B} T = (1/2)mv^2$ で考えればよい．酸素 O_2 は，6.02×10^{23} 個で 32 グラムである．

問題 3.3 のヒント .... (問題は p52, 解答は p172)

$\mathrm{div}\boldsymbol{E} = \partial E_x/\partial x + \partial E_y/\partial y + \partial E_z/\partial z = 0$ などに与えられた式を代入していく．この式の第 1 項は

$$\frac{\partial E_x}{\partial x} = -\frac{n_x \pi}{L} E_{x0} \sin(n_x \pi x/L) \sin(n_y \pi y/L) \sin(n_z \pi z/L) \sin(\omega t + \alpha) \quad (3)$$

となる．微分することで，第 2 項や第 3 項と関数の形が一致するようになっていて，まとめることができるようになる．

問題 3.4 のヒント .... (問題は p52, 解答は p174)

$e^x = 1 + x + (1/2)x^2 + (1/3!)x^3 + \cdots$ と展開する．x の 1 次までとるとすると，$e^x - 1 = x + \cdots$ である．

問題 3.5 のヒント .... (問題は p52, 解答は p174)

$(8\pi h\nu^3/c^3)[1/(e^{h\nu/k_\mathrm{B}T} - 1)$ を積分するために公式 $\int_0^\infty \mathrm{d}x\, x^3/(e^x - 1) = \pi^4/15$ を使うのだから，$h\nu/k_\mathrm{B}T = x$ とおけばよい．変数なのは ν なので，$\mathrm{d}x = (h/k_\mathrm{B}T)\mathrm{d}\nu$ とおく．

問題 4.1 のヒント .... (問題は p65, 解答は p174)

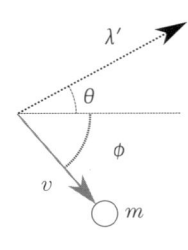

左の図のように，速さ v で動きながら速度と $\theta + \phi$ の角度をもつ方向へと光を出したと考える．静止状態なら波長 λ の光を出すと考えると，ドップラー効果によりどう波長が変化するか．なお，波源が速さ v で動きながら，進行方向と角度 α の方向に出した速さ V の波の波長は，静止している場合に出す波の波長の $V - v\cos\alpha/V$ 倍になる．いまの場合，波の速さは $V = c$ である．

章末問題のヒント 165

問題 **4.2** のヒント .... (問題は p65, 解答は p174)

　右の図のように考えて，ドップラー効果の式に含まれる角度である $\theta + \phi$ を含む余弦定理の式をまず作る．図の三角形で，余弦定理の公式に入る角度は $\pi - (\theta + \phi)$ であることに注意すること．

　その上で，ドップラー効果の式には m が含まれていないから，これを消去する．

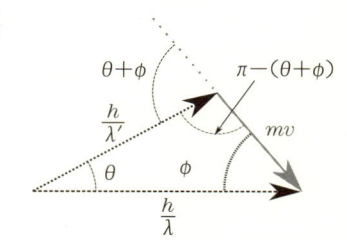

問題 **4.3** のヒント .... (問題は p65, 解答は p175)

　5 メートル向こうでは，1 秒に出る 100 J が半径 5 メートルの球（表面積は $4\pi 5^2 \mathrm{m}^2$）に広がると考えればよい．

問題 **4.4** のヒント .... (問題は p65, 解答は p175)

　光子 1 個のエネルギーは $h\nu = hc\left[(n_x/2L)^2 + (n_y/2L)^2 + (n_z/2L)^2\right]^{1/2}$ および，$h\nu = \Delta h\nu = hc\left[(n_x/(2(L+\Delta L)))^2 + (n_y/2L)^2 + (n_z/2L)^2\right]^{1/2}$ となる．問題では，このうち x 方向の L だけを $L + \Delta L$ に（ゆっくりと）伸ばす．よってそのときは光子 1 個のエネルギーが $h\nu + \Delta h\nu = hc[(n_x/(2(L+\Delta L)))^2 + (n_y/2L)^2 + (n_z/2L)^2]^{1/2}$ に変化する．この変化を壁がした仕事による，と考える．

問題 **4.5** のヒント .... (問題は p65, 解答は p176)

　光子との違い：光子はつねに速度 c で運動するが，通常の物質の速度は運動量に比例する（$\boldsymbol{v} = \boldsymbol{p}/m$）．

問題 **4.6** のヒント .... (問題は p66, 解答は p176)

　運動量保存のベクトル図は以下の通り．

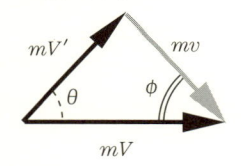

問題 **4.7** のヒント .... (問題は p66, 解答は p177)

　この光子 1 個は $h\nu = 6.6 \times 10^{-34} \times 5 \times 10^{14}$ J のエネルギーをもつから，1 秒あたりのエネルギーを割ればよい．1 秒に出た光子は 3.0×10^8 m の範囲にいる．

問題 **5.1** のヒント .... (問題は p76, 解答は p177)

(1) まず加速度は運動方程式 $ma = ke^2/r^2$ から，$a = ke^2/mr^2$ である．
(2) $-ke^2/2r$ を時間微分して $ke^2/2r^2 dr/dt$．これ $\times(-1)$ を 1 の答と等しいとおく．

問題 5.2 のヒント .... (問題は p76, 解答は p177)

ボーア半径の式 $r = n^2h^2/(4\pi^2 mke^2)$ の中で，電子の質量 m が変化する．
→ p70

問題 5.3 のヒント .... (問題は p76, 解答は p177)

半径 r で速さ v の等速円運動をしているとして，使うべき運動方程式は，

$$m\frac{v^2}{r} = \frac{GMm}{r^2} \tag{4}$$

である．これとボーアの量子条件 $mv \times 2\pi r = nh$ を組み合わせる．

問題 5.4 のヒント .... (問題は p76, 解答は p178)

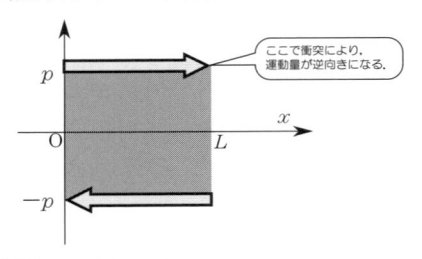

左のような図が書ける．灰色で表現された部分の面積を考えれば，それが $\oint p dq$ である．

(図：縦軸 p，横軸 x，O から L までの長方形．上辺に「ここで衝突により，運動量が逆向きになる．」の注釈．上辺は p, 下辺は $-p$．)

問題 6.1 のヒント .... (問題は p86, 解答は p178)

エネルギーから運動量を求める式は，$p = \sqrt{2mE}$ であるが，E は表では eV で与えられている．MKS 単位系である J に直すには，1.6×10^{-19} を掛ける．運動量が出れば $p = h/\lambda$ から $\lambda = h/p$ で波長が出せる．

問題 6.2 のヒント .... (問題は p86, 解答は p178)

素直に，$2\pi\left(L/\lambda - [h/(2m\lambda^2)]T\right)$ を λ で微分して 0 とおいてみよう．

問題 6.3 のヒント .... (問題は p86, 解答は p179)

棒の中点を中心として角速度 ω の回転をしていると考えると，物体の速さは $(L/2)\omega$ である（回転の半径は棒の長さの半分 $L/2$ になることに注意）．これから運動量を考えて，1 周の距離 $2\pi \times (L/2)$ を掛けたものが（ボーアの量子条件により）nh（n は自然数）になると考える．

問題 7.1 のヒント .... (問題は p93, 解答は p179)

考えている粒子の Δx は壁から壁までの距離 L である．運動量が mv から $-mv$ の間を変化すると考えれば $\Delta p = 2mv$ である．衝突により v がどの程度変化するかを考えて，$\Delta p \Delta x$ が変化しないことを示す．

問題 7.2 のヒント .... (問題は p93, 解答は p179)

$p = \sqrt{2mE}$ より運動量を計算する．これぐらいの運動量をもって飛び回っているとすると，運動量の広がりはだいたいこの 2 倍である（$-p$ から p まで動くとする）．これに原子のサイズを掛ければよい．

章末問題のヒント 167

問題 **7.3** のヒント .... (問題は p93, 解答は p180)

ピンによって干渉縞が観測できるためには，ピンが干渉縞の間隔より狭い範囲に局在して立っていなくてはいけない．一方，ピンが光によって倒れるとき，倒れる方向から光がきた方向が感知できるためには，ピンがもっている運動量が光が運んでくる運動量より小さくなくてはいけない．

問題 **7.4** のヒント .... (問題は p94, 解答は p180)

$\Delta x \Delta p > h$ ということから，$\Delta p = h/d$ が最小値．

問題 **7.5** のヒント .... (問題は p94, 解答は p180)

これも演習問題 7.3 とほぼ同様である．スリットが反動として受け取る運動量を考慮すればよい．

問題 **8.1** のヒント .... (問題は p106, 解答は p181)

もちろんせっせと計算すれば出る話なのだが，この答の多くは 0 になる．「0 になる理由」を見つけることができれば，計算しなくても答がわかるようになる．たとえばその一つは，「奇関数なら $\int_{-\pi}^{\pi} \mathrm{d}x$ という積分をすれば 0 になる」ということ．

問題 **8.2** のヒント .... (問題は p106, 解答は p182)

$$f(x) = \frac{1}{\sqrt{2\pi}} \sum_{n=-\infty}^{\infty} F_n e^{inx}$$

の両辺に $(1/\sqrt{2\pi})e^{-imx}$ を掛けて $[-\pi, \pi]$ で積分する．

問題 **8.3** のヒント .... (問題は p106, 解答は p182)

$f(x)$ という関数を

$$f(x) = f(0) + f'(0)x + \frac{1}{2}f''(0)x^2 + \cdots + \frac{1}{n!}f^{(n)}(0)x^n + \cdots \tag{5}$$

と考える．

$$\int_{-\delta}^{\delta} \mathrm{d}x\, H x^n \tag{6}$$

で $\delta \to 0$ という極限を計算してみると？

問題 **9.1** のヒント .... (問題は p116, 解答は p183)

$i\hbar(\partial/\partial t)\psi(\boldsymbol{x},t) = H\psi(\boldsymbol{x},t)$ に代入する．両辺に $e^{-i\omega t}$ が現れるので割ってしまえばよい．

問題 **9.2** のヒント .... (問題は p116, 解答は p183)

場所によらないことを示すのは代入するだけで OK．この解が $\Delta p = 0$ であることを考えれば，不確定性関係との関係もわかる．

問題 **10.1** のヒント .... (問題は p134, 解答は p183)

自由粒子のシュレーディンガー方程式 $i\hbar(\partial/\partial t)\psi(x,t) = -(\hbar^2/2m)(\partial^2/\partial x^2)\psi(x,t)$ に $\psi(x,t) = \sin x\, f(t)$ を代入すればよい.

$$i\hbar \frac{\partial}{\partial t} \sin x\, f(t) = -\frac{\hbar^2}{2m} \frac{\partial^2}{\partial x^2} \sin x\, f(t), \qquad i\hbar \sin x \frac{\mathrm{d}f(t)}{\mathrm{d}t} = \frac{\hbar^2}{2m} \sin x\, f(t) \tag{7}$$

という形の式になる.

問題 **10.2** のヒント .... (問題は p134, 解答は p184)

そのまま代入すれば,

$$i\hbar \frac{\partial}{\partial t}\left(\psi_R(x,t) + i\psi_I(x,t)\right) = H\left(\psi_R(x,t) + i\psi_I(x,t)\right) \tag{8}$$

である. 両辺の実部と虚部を取り出そう.

問題 **11.1** のヒント .... (問題は p148, 解答は p184)

$$\int_{-\pi}^{\pi} \mathrm{d}x\, \psi^*(x)\psi(x) = \int_{-\pi}^{\pi} \mathrm{d}x\, \left(e^{-3ix} + e^{-ix}\right)\left(e^{3ix} + e^{ix}\right) \tag{9}$$

という計算だが, $e^{-3ix}e^{ix}$ のような「振動が消しあわない場合」は積分は 0 となる.

問題 **11.2** のヒント .... (問題は p148, 解答は p184)

まず時間微分すると

$$\frac{\mathrm{d}}{\mathrm{d}t}\int \psi^*(x,t)\psi(x,t)\mathrm{d}x = \int \left(\frac{\partial \psi^*(x,t)}{\partial t}\psi(x,t) + \psi^*(x,t)\frac{\partial \psi(x,t)}{\partial t}\right)\mathrm{d}x \tag{10}$$

である. これにシュレーディンガー方程式を使う.

問題 **11.3** のヒント .... (問題は p148, 解答は p185)

積分範囲が限られていても, 途中までは前問と同じように計算できる.

問題 **12.1** のヒント .... (問題は p161, 解答は p185)

四つの接続条件を式にすると,

$$\underbrace{Ae^{-\kappa\delta}}_{\phi_\mathrm{I}(-\delta)} = \underbrace{Ce^{-ik\delta} + De^{ik\delta}}_{\phi_\mathrm{II}(-\delta)} \tag{11}$$

$$\underbrace{\kappa A e^{-\kappa\delta}}_{\frac{\partial \phi_\mathrm{I}(-\delta)}{\partial x}} = \underbrace{ikCe^{-ik\delta} - ikDe^{ik\delta}}_{\frac{\partial \phi_\mathrm{II}(-\delta)}{\partial x}} \tag{12}$$

$$\underbrace{Ce^{ik\delta} + De^{-ik\delta}}_{\phi_\mathrm{II}(\delta)} = \underbrace{Fe^{-\kappa\delta}}_{\phi_\mathrm{III}(\delta)} \tag{13}$$

$$\underbrace{ikCe^{ik\delta} - ikDe^{-ik\delta}}_{\frac{\partial \phi_{\mathrm{II}}(\delta)}{\partial x}} = \underbrace{-\kappa F e^{-\kappa \delta}}_{\frac{\partial \phi_{\mathrm{III}}(\delta)}{\partial x}} \tag{14}$$

となる．$\underset{\rightarrow \mathrm{p}168}{(12)} \div \underset{\rightarrow \mathrm{p}168}{(11)}$ により A を消去して

$$\kappa = \frac{ikCe^{-ik\delta} - ikDe^{ik\delta}}{Ce^{-ik\delta} + De^{ik\delta}} \tag{15}$$

が，式 (14)÷ 式 (13) により F を消去して

$$\frac{ikCe^{ik\delta} - ikDe^{-ik\delta}}{Ce^{ik\delta} + De^{-ik\delta}} = -\kappa \tag{16}$$

となる．あとは C, D を消去したい．この式は分母分子を C で割れば D/C にしか依存しなくなるから，両方で D/C を計算して等しいとおく．

なお，計算の結果 κ は $\kappa + ik$ と $\kappa - ik$ という組み合わせで出てくるので，これを $\kappa + ik = \sqrt{\kappa^2 + k^2} e^{i\theta}$（ただし，$\theta$ は第 1 象限の角とする）とおくことで計算がやりやすくなる．このとき，$\kappa - ik = \sqrt{\kappa^2 + k^2} e^{-i\theta}$ である．

問題 12.2 のヒント..（問題は p161，解答は p187）

接続条件の式は，

$$\underbrace{Ae^{-ik'\delta} + Be^{ik'\delta}}_{\phi_{\mathrm{I}}(-\delta)} = \underbrace{Ce^{-ik\delta} + De^{ik\delta}}_{\phi_{\mathrm{II}}(-\delta)} \tag{17}$$

$$\underbrace{ik'Ae^{-ik'\delta} - ik'Be^{ik'\delta}}_{\frac{\partial \phi_{\mathrm{I}}(-\delta)}{\partial x}} = \underbrace{ikCe^{-ik\delta} - ikDe^{ik\delta}}_{\frac{\partial k\phi_{\mathrm{II}}(-\delta)}{\partial x}} \tag{18}$$

$$\underbrace{Ce^{ik\delta} + De^{-ik\delta}}_{\phi_{\mathrm{II}}(\delta)} = \underbrace{Ee^{ik'\delta}}_{\phi_{\mathrm{III}}(\delta)} \tag{19}$$

$$\underbrace{ikCe^{ik\delta} - ikDe^{-ik\delta}}_{\frac{\partial \phi_{\mathrm{II}}(\delta)}{\partial x}} = \underbrace{ik'Ee^{ik'\delta}}_{\frac{\partial \phi_{\mathrm{III}}(\delta)}{\partial x}} \tag{20}$$

となる．この式から 1 個ずつ文字を消していこう（E の何倍であるかを求める問題なので，E は消さない）．

注意だが，ここでは波動関数の規格化は行わない（実は，行えない）．そのため条件が一つ足りなくなり，A, B, C, D, E をすべて求めることはできないのである．

章末問題の解答

問題 1.1 の解答 .... (問題は p12, ヒントは p163)

紫外線は $h\nu = 6.6 \times 10^{-34} \times (3.0 \times 10^8)/(5 \times 10^{-8}) \fallingdotseq 4.0 \times 10^{-18}$ J $\fallingdotseq 25$ eV. 赤外線は $h\nu = 6.6 \times 10^{-34} \times (3.0 \times 10^8)/(5 \times 10^{-7}) \fallingdotseq 4.0 \times 10^{-17}$ J $\fallingdotseq 2.5$ eV.

紫外線の光子1個のエネルギーは水素原子をイオン化できるが，赤外線の光子1個ではできない．化学反応を起こすには赤外線のエネルギーでは足りないことがわかる．

問題 1.2 の解答 .... (問題は p12, ヒントは p163)

ヒントで求めた目に入ってくる光のエネルギー 1.83×10^{-13} J のうち 10^{-8} 倍が感光物質に当たるとして，1個の感光物質に当たるエネルギーは1秒あたり 1.83×10^{-21} J になる．よって，

$$\frac{5 \times 10^{-19}}{1.83 \times 10^{-21}} \fallingdotseq 270$$

となり，4分以上かかることになる．実際に1等星を見るとすぐに見える．これも光が光子という粒の形でやってくるおかげである．

問題 2.1 の解答 .... (問題は p35, ヒントは p163)

ヒントの式(2)の両辺を k で微分して，
→ p163

$$\frac{c}{\omega} - \frac{ck}{\omega^2} \frac{d\omega}{dk} = 2AB \frac{k}{4\pi^2} \tag{1}$$

より，

$$v_g = \frac{d\omega}{dk} = \frac{\omega}{k} - \frac{2AB\omega^2}{4\pi^2} \tag{2}$$

よって，群速度より位相速度の方が速い．角振動数 ω が大きい光ほど，群速度が遅くなる．

問題 2.2 の解答 .... (問題は p36, ヒントは p163)

ヒントに書いた距離を x で微分して0とする．

$$\frac{\partial}{\partial x}\left(\sqrt{H^2 + (L-x)^2} + \sqrt{h^2 + x^2}\right) = 0$$

$$\frac{x - L}{\sqrt{H^2 + (L-x)^2}} + \frac{x}{\sqrt{h^2 + x^2}} = 0 \tag{3}$$

$$\frac{x}{\sqrt{h^2+x^2}} = \frac{L-x}{\sqrt{H^2+(L-x)^2}}$$

となるが，これは入射角と反射角が等しいことを意味する（三角形の相似）．図で考えるならば，「A から B の鏡像へ」の最短距離はまっすぐに引いた直線であるから，A から B への最短距離はその線の鏡像となり，入射角と反射角が等しくなる．

問題 3.1 の解答 .... (問題は p51, ヒントは p164)

分子量とは，6.02×10^{23} 個の分子の質量（グラムで測る）．ゆえに，分子 1 個は (分子量) $\div (6.02 \times 10^{23})$ g となる．そこで，グラムあたりの比熱（表の上の段）に (分子量) $\div (6.02 \times 10^{23})$ を掛けると 1 個あたりの比熱が出る．計算の結果は

	水素	窒素	アルゴン	ヘリウム	水蒸気	ベンゼン
1 分子あたりの定積比熱 (10^{-23} を省略)	3.40	3.44	2.08	2.09	4.61	16.3
上の数字 $\div k_\mathrm{B}$	2.46	2.49	1.51	1.52	3.34	11.8

である．二原子分子である水素，窒素の値は 2.5 に近く，一原子分子であるアルゴン，ヘリウムの値は 1.5 に近い．三原子分子である水蒸気は 2.5 よりもさらに大きい．回転の自由度と，振動の自由度が入るからである．複雑な構造をもち，いろんな振動モードがあるベンゼンはその自由度の分だけ比熱も大きくなる．

問題 3.2 の解答 .... (問題は p51, ヒントは p164)

常温を 300 K として，

$$\frac{3}{2} \times 1.38 \times 10^{-23} \times 300 = \frac{1}{2} \frac{32 \times 10^{-3}}{6.02 \times 10^{23}} v^2$$

を解いて，$v^2 = 2.34 \times 10^5$，ルートをとって 4.83×10^2 m/s となる．これは音速よりは速いが，脱出速度よりははるかに遅い．音は空気の振動であるから，空気を構成する分子 1 個 1 個の速度より速く伝わることはない．また，もしこの分子の速度が脱出速度を超えてしまうと，酸素がどんどん地球を脱出してしまい，地球から酸素がなくなってしまう．

問題 3.3 の解答 .... (問題は p52, ヒントは p164)

まず $\mathrm{div}\boldsymbol{E} = \partial E_x/\partial x + \partial E_y/\partial y + \partial E_z/\partial z = 0$ から考える．この式の第 1 項は

$$\frac{\partial E_x}{\partial x} = \frac{n_x \pi}{L} E_{x0} \sin \frac{n_x \pi x}{L} \sin \frac{n_y \pi y}{L} \sin \frac{n_z \pi z}{L} \sin(\omega t + \alpha) \tag{4}$$

となる．2 項めと 3 項めも同様の計算をして，$\mathrm{div}\boldsymbol{E}$ が

$$\left(\frac{n_x \pi}{L} E_{x0} + \frac{n_y \pi}{L} E_{y0} + \frac{n_z \pi}{L} E_{z0} \right) \sin \frac{n_x \pi x}{L} \sin \frac{n_y \pi y}{L} \sin \frac{n_z \pi z}{L} \sin(\omega t + \alpha) \tag{5}$$

になるので，括弧内が 0，すなわち $n_x E_{x0} + n_y E_{y0} + n_z E_{z0} = 0$ という条件が出る．
次に $\mathrm{rot}\boldsymbol{E} = -\partial \boldsymbol{B}/\partial t$ の方を考えよう．まず x 成分を考えると，左辺が

$$\frac{\partial}{\partial y}E_z - \frac{\partial}{\partial z}E_y = \frac{n_y\pi}{L}E_{z0}\sin\frac{n_x\pi x}{L}\cos\frac{n_y\pi y}{L}\cos\frac{n_z\pi z}{L}\sin(\omega t + \alpha)$$
$$- \frac{n_z\pi}{L}E_{y0}\sin\frac{n_x\pi x}{L}\cos\frac{n_y\pi y}{L}\cos\frac{n_z\pi z}{L}\sin(\omega t + \alpha)$$

となり，右辺が

$$-\frac{\partial}{\partial t}B_x = \omega B_{x0}\sin\frac{n_x\pi x}{L}\cos\frac{n_y\pi y}{L}\cos\frac{n_z\pi z}{L}\sin(\omega t + \alpha)$$

となるから，

$$\frac{\pi}{L}(n_y E_{z0} - n_z E_{y0}) = \omega B_{x0} \tag{6}$$

という式が成立する．これが B_{x0} を決める式になる．同様に B_{y0}, B_{z0} も決まる．

$$B_{x0} = \frac{\pi}{\omega L}(n_y E_{z0} - n_z E_{y0}) \tag{7}$$

$$B_{y0} = \frac{\pi}{\omega L}(n_z E_{x0} - n_x E_{z0}) \tag{8}$$

$$B_{z0} = \frac{\pi}{\omega L}(n_x E_{y0} - n_y E_{x0}) \tag{9}$$

という式は，$n_x B_{x0} + n_y B_{y0} + n_z B_{z0} = 0$ を満たすから，$\text{div}\boldsymbol{B} = 0$ はすでに満たされている．最後に確認すべきは $\text{rot}\boldsymbol{B} = (1/c^2)(\partial\boldsymbol{E}/\partial t)$ で，まず x 成分を考えると，上と同様の計算により，

$$E_{x0} = -\frac{\pi c^2}{\omega L}(n_y B_{z0} - n_z B_{y0}) \tag{10}$$

$$E_{y0} = -\frac{\pi c^2}{\omega L}(n_z B_{x0} - n_x B_{z0}) \tag{11}$$

$$E_{z0} = -\frac{\pi c^2}{\omega L}(n_x B_{y0} - n_y B_{x0}) \tag{12}$$

という式が出る．式 (10) に式 (8) と式 (9) を代入すると，

$$E_{x0} = -\frac{\pi^2 c^2}{\omega^2 L^2}[n_y(n_x E_{y0} - n_y E_{x0}) - n_z(n_z E_{x0} - n_x E_{z0})]$$
$$= -\frac{\pi^2 c^2}{\omega^2 L^2}\left[(-(n_y)^2 - (n_z)^2)E_{x0} + n_x\underbrace{(n_y E_{y0} + n_z E_{z0})}_{-n_x E_{x0}}\right]$$
$$= \frac{\pi^2 c^2}{\omega^2 L^2}[(n_x)^2 + (n_y)^2 + (n_z)^2]E_{x0} \tag{13}$$

となって，$[\pi^2 c^2/(\omega^2 L^2)][(n_x)^2 + (n_y)^2 + (n_z)^2] = 1$ ならばこの式が成立する．ゆえに，

$$\omega = \frac{\pi c}{L}\sqrt{(n_x)^2 + (n_y)^2 + (n_z)^2} \tag{14}$$

とわかる. E_{y0}, E_{z0} に関しても同じ式が出てくる. B_{x0}, B_{y0}, B_{z0} は電場から決まるから独立ではない. また, 三つの電場の成分の間に $n_x E_{x0} + n_y E_{y0} + n_z E_{z0} = 0$ という関係があるから, 独立なのはこのうち二つである.

よって, 独立な変数の数は 2 である.

問題 **3.4** の解答 .... (問題は p52, ヒントは p164)

分母が $h\nu/k_B T + \cdots$ と近似できるので, $(8\pi h\nu^3/c^3)\{1/[h\nu/(k_B T + \cdots)]\} \simeq (8\pi h\nu^3/c^3)(k_B T/h\nu) = 8\pi k_B T \nu^2/c^3$ これはレイリー–ジーンズの式に等しい. プランク定数 h は消えてしまう！

問題 **3.5** の解答 .... (問題は p52, ヒントは p164)

公式に合わせるために, $h\nu/k_B T = x$ とする. $\nu = k_B T x/h$ となるので, 積分も $d\nu = (k_B T/h)dx$ とおき換えて,

$$\int_0^\infty d\nu \frac{8\pi h\nu^3}{c^3} \frac{1}{e^{h\nu/k_B T} - 1} = \int_0^\infty dx \frac{k_B T}{h} \frac{8\pi h[(k_B T/h)x]^3}{c^3(e^x - 1)}$$

$$= \frac{8\pi (k_B)^4 T^4}{h^3 c^3} \int_0^\infty dx \frac{x^3}{e^x - 1}$$

となる. 積分の部分は定数 $\pi^4/15$ が出るので, 結果は $8\pi^5 (k_B)^4 T^4/(15 h^3 c^3)$ と, T^4 に比例する.

問題 **4.1** の解答 .... (問題は p65, ヒントは p164)

波長が $c - v\cos(\theta + \phi)/c$ 倍になると考えて,

$$\lambda' = \lambda \times \frac{c - v\cos(\theta + \phi)}{c} \tag{15}$$

である. 振動数の式にするには, $\lambda = c/\nu, \lambda' = c/\nu'$ を代入して,

$$\nu' = \nu \times \frac{c}{c - v\cos(\theta + \phi)} \tag{16}$$

問題 **4.2** の解答 .... (問題は p65, ヒントは p165)

余弦定理の式から

$$\left(\frac{h\nu}{c}\right)^2 = \left(\frac{h\nu'}{c}\right)^2 + (mv)^2 - 2\frac{h\nu'}{c}mv\underbrace{\cos(\pi - (\theta+\phi))}_{-\cos(\theta+\phi)} \tag{17}$$

m を消去するために, エネルギー保存則 $(1/2)mv^2 = h\nu - h\nu'$ から

$$m = 2 \times \frac{h\nu - h\nu'}{v^2} \quad \text{よって} \quad mv = \frac{2h(\nu - \nu')}{v} \tag{18}$$

という式を作って代入すると,

章末問題の解答　　175

$$\left(\frac{h\nu}{c}\right)^2 = \left(\frac{h\nu'}{c}\right)^2 + \underbrace{\left(\frac{2h(\nu-\nu')}{v}\right)^2}_{mv} + 2\frac{h\nu'}{c} \times \underbrace{\frac{2h(\nu-\nu')}{v}}_{mv}\cos(\theta+\phi)$$

$\searrow (h^2\text{で割って})$

$$\left(\frac{\nu}{c}\right)^2 = \left(\frac{\nu'}{c}\right)^2 + \left(2\times\frac{\nu-\nu'}{v}\right)^2 + 4\frac{\nu'}{c} \times \frac{\nu-\nu'}{v}\cos(\theta+\phi) \tag{19}$$

ここで，$1/c^2$ に比例する項は（c は v に比べて速いので）消すことにすると，

$$0 = \left(2\times\frac{\nu-\nu'}{v}\right)^2 \underbrace{+4\frac{\nu'}{c} \times \frac{\nu-\nu'}{v}\cos(\theta+\phi)}_{\leftarrow\text{左辺に移項}}$$

$$-4\frac{\nu'}{c} \times \frac{\nu-\nu'}{v}\cos(\theta+\phi) = 4\left(\frac{\nu-\nu'}{v}\right)^2$$

$\searrow \left(\frac{4(\nu-\nu')}{v^2}\text{で割って}\right)$

$$-\nu'\frac{v}{c}\cos(\theta+\phi) = \nu - \nu'$$

$\searrow (\nu'\text{を移項して整理して})$

$$\nu'\left(1 - \frac{v}{c}\cos(\theta+\phi)\right) = \nu$$

$$\nu' = \nu \times \frac{c}{c - v\cos(\theta+\phi)} \tag{20}$$

となり，ドップラー効果から出た式(16)と同じ式が出る．
　　　　　　　　　　　　　　　→ p174

問題 4.3 の解答 .... (問題は p65, ヒントは p165)

　ヒントに書いたように，5 m 向こうでは，1 秒に出る 100 J が半径 5 m の球（表面積は $4\pi5^2$ m^2）に広がるので，1 m^2 の断面積を $100/(4\pi5^2)$ J のエネルギーが 1 秒で通り抜けていく．一方原子の断面積は $\pi(10^{-10})^2$ なので，原子に当たるエネルギーは 1 秒あたり，$[100/(4\pi5^2)] \times \pi(10^{-10})^2 = 10^{-18}/(4\times5^2) = 1\times10^{-20}$ J．一方，$5\times10^{-19} = 50\times10^{-20}$ J のエネルギーで原子が飛び出すのであれば，このエネルギーがたまるにはだいたい 50 秒必要．実際の実験ではすぐに電子は飛び出してくる．

問題 4.4 の解答 .... (問題は p65, ヒントは p165)

　光子 1 個のエネルギーは $h\nu = hc\left[(n_x/2L)^2 + (n_y/2L)^2 + (n_z/2L)^2\right]$ となるのはヒントに書いた通り．問題では，このうち x 方向の L だけを $L + \Delta L$ に（ゆっくりと）伸ばす．よってそのときは光子 1 個のエネルギーが

$$h\nu + \Delta h\nu = hc\left[\left(\frac{n_x}{2(L+\Delta L)}\right)^2 + \left(\frac{n_y}{2L}\right)^2 + \left(\frac{n_z}{2L}\right)^2\right]$$

に変化する．$\Delta h\nu/\Delta L = (\partial/\partial\Delta L)\,hc\left[(n_x/2(L+\Delta L))^2 + (n_y/2L)^2 + (n_z/2L)^2\right]$ のように微分を使ってこの微小変化を評価すると，

$$\frac{\Delta h\nu}{\Delta L} = h\nu \times \frac{1}{2} \times \frac{1}{\left[\left(\frac{n_x}{2(L+\Delta L)}\right)^2 + \left(\frac{n_y}{2L}\right)^2 + \left(\frac{n_z}{2L}\right)^2\right]^{1/2}} \times \frac{\partial}{\partial \Delta L}\left(\frac{n_x}{2(L+\Delta L)}\right)^2$$

となり，$(\partial/\partial L)[n_x/2(L+\Delta L)]^2 = -[(n_x)^2/(L+\Delta L)^3]$ であることを使って，

$$\frac{\Delta h\nu}{\Delta L} = -\frac{hc^2}{2\nu} \times \frac{(n_x)^2}{2(L+\Delta L)^3}$$

となる．$\Delta L \to 0$ の極限で，$\mathrm{d}(h\nu)/\mathrm{d}L = -hc^2(n_x)^2/(4\nu L^3)$ となる．これは 1 個の光子についての式なので，たくさんの光子についての和をとることを考える．光子の分布が最初等方的であったとすれば，n_x, n_y, n_z は対等なので，いろんな n_x, n_y, n_z の値について和をとっていくと，$(n_x)^2$ の和は $(1/3)\left[(n_x)^2 + (n_y)^2 + (n_z)^2\right] = (1/3)(4L^2\nu^2/c^2)$ とおき直せる．こうすると，$\sum_{\text{全光子}} \mathrm{d}(h\nu)/\mathrm{d}L = -\sum_{\text{全光子}}(1/3)(h\nu/L)$ となる．左辺は面積 L^2 で割ると圧力となる．右辺を L^2 で割ったものは $(1/3L^3)\sum_{\text{全光子}} h\nu$ であるから，エネルギー密度 $\times (1/3)$ となる．

問題 4.5 の解答.. (問題は p65, ヒントは p165)

ヒントに書いた通り，光の場合は単位時間の衝突回数が $c \times (p_{ix}/|\boldsymbol{p}_i|) \div 2L$ であったが，普通の気体分子の場合は c のところが v に，$|\boldsymbol{p}_i|$ のところが mv におき換わると思えばよいから，$(p_{ix}/m) \div 2L$ となる．よって気体分子が壁に与える力の総和は以下の通り．

$$\sum_{\text{全粒子}} \frac{(p_{ix})^2}{mL} = \frac{1}{3}\sum_{\text{全粒子}} \frac{|\boldsymbol{p}|^2}{mL}$$

粒子 1 個のエネルギーが $E = |\boldsymbol{p}|^2/2m$ なので，この量は $(2/3L) \times$ (全粒子のエネルギー) となる．これを L^2 で割れば圧力であるから，(圧力) $= (2/3)$(エネルギー密度) となる．

問題 4.6 の解答.. (問題は p66, ヒントは p165)

ヒントに書いた図から，運動量保存則を式で表すと，

$$mV = mV'\cos\theta + mv\cos\phi \tag{21}$$
$$0 = mV'\sin\theta - mv\sin\phi \tag{22}$$

である．エネルギー保存則は

$$\frac{1}{2}mV^2 = \frac{1}{2}m(V')^2 + \frac{1}{2}mv^2 \tag{23}$$

となる．これを書き直して

$$(mV)^2 = (mV')^2 + (mv)^2 \tag{24}$$

となり，ヒントに書いた衝突の運動量保存の図の三角形が直角三角形だということを示している（三平方の定理）．よって衝突後の二つの小球の運動方向は垂直である．

問題 4.7 の解答 .... (問題は p66, ヒントは p165)

光子の個数は1秒あたり $(5 \times 10^{-13})/(6.6 \times 10^{-34} \times 5 \times 10^{14})$ 個となる．計算すると1秒あたり 1.5×10^6 個となる．十分多いように思うが，1秒に光は 3.0×10^8 m 進むことを考えると，光子と光子の平均距離は 2.0×10^2 m，つまり約 200 m 離れている．

問題 5.1 の解答 .... (問題は p76, ヒントは p165)

(1) ヒントで計算した加速度 $a = ke^2/mr^2$ を $2k(aq)^2/3c^3$ に代入（同時に $q=e$ も代入）して，

$$\frac{2k\left(\frac{ke^2}{mr^2} \times e\right)^2}{3c^3} = \frac{2k^3 e^6}{3m^2 c^3 r^4} \tag{25}$$

(2) $-(\mathrm{d}/\mathrm{d}t)\left(-ke^2/2r\right) = 2k^3 e^6/(3m^2 c^3 r^4)$ を解いていく．

$$\frac{ke^2}{2r^2}\frac{\mathrm{d}r}{\mathrm{d}t} = -\frac{2k^3 e^6}{3m^2 c^3 r^4}, \quad r^2 \frac{\mathrm{d}r}{\mathrm{d}t} = -\frac{4k^2 e^4}{3m^2 c^3}, \quad \frac{r^3}{3} = -\frac{4k^2 e^4}{3m^2 c^3}t + C \tag{26}$$

となり，時刻 $t=0$ で $r = 5.0 \times 10^{-11}$ であるから，$C = (1/3)(5.0 \times 10^{-11})^3 \fallingdotseq 4.17 \times 10^{-32}$ である．$k = 9.0 \times 10^9 [\mathrm{Nm}^2/\mathrm{C}^2]$，$e = 1.6 \times 10^{-19}$ [C]，$c = 3.0 \times 10^8$ [m/s]，$m = 9.1 \times 10^{-31}$ [kg] を代入して，

$$0 = -\frac{4 \times (9.0 \times 10^9)^2 \times (1.6 \times 10^{-19})^4}{3 \times (9.1 \times 10^{-31})^2 \times (3.0 \times 10^8)^3}t + 4.17 \times 10^{-32} \tag{27}$$

を解くと，$t = 1.3 \times 10^{-11}$ [s] となる．原子はあっという間に原子核まで落ち込んでしまう．

問題 5.2 の解答 .... (問題は p76, ヒントは p166)

ボーア半径の式 $r = n^2 h^2/(4\pi^2 mke^2)$ より，m が 200 倍になれば，半径は 1/200
→ p70
になる[*11]．

問題 5.3 の解答 .... (問題は p76, ヒントは p166)

運動方程式 $mv^2/r = GMm/r^2$ にボーアの量子条件 $mv \times 2\pi r = nh$ を使って

$$m\frac{\left(\frac{nh}{2\pi mr}\right)^2}{r} = \frac{GMm}{r^2} \tag{28}$$

のように v を消去する．これを整理して，

[*11] なお，実際はここに入る m は質量そのものではなく換算質量であるから，単純に 1/200 にはならない．

$$\frac{n^2h^2}{4\pi^2 mr^3} = \frac{GMm}{r^2} \tag{29}$$

より，

$$r = \frac{n^2h^2}{4\pi^2 GMm^2} = n^2 \times 2.3 \times 10^{-138} \tag{30}$$

という数字になる．半径 $r = 1.5 \times 10^{11}$ m のとき，$n \fallingdotseq 2.5 \times 10^{74}$ である．n が 1 だけ変化したときの r の変化は

$$\Delta r = \left((n+1)^2 - n^2\right) \times 2.3 \times 10^{-138} \fallingdotseq 1.2 \times 10^{-63} [\text{m}] \tag{31}$$

であり，とても測定可能な長さではない．よって地球の公転を考えるには量子条件を考える必要はない．このように「目に見える物理現象」において量子条件が問題となることはまずないが，それは量子条件が課せられていないのではない．課せられていたとしてもわれわれが気づかない（気づけない）だけである．

問題 **5.4** の解答... (問題は p76，ヒントは p166)

ヒントの図の面積は，$2pL$ で，これが（n を自然数として）nh に等しい．$p = nh/2L$
→ p166
であるから，運動エネルギー $p^2/2m$ が $n^2h^2/(8mL^2)$ となる．

問題 **6.1** の解答... (問題は p86，ヒントは p166)

エネルギーから運動量を計算する式

$$\sqrt{2mE} = \sqrt{2 \times 9.1 \times 10^{-31} \times E(\text{eV}) \times 1.6 \times 10^{-19}} \fallingdotseq 5.4 \times 10^{-25}\sqrt{E(\text{eV})} \tag{32}$$

波長は，$\lambda = 6.6 \times 10^{-34}/p$ で計算する．

エネルギー（eV）	10	100	1000	10000
運動量（kg·m/s）	1.7×10^{-24}	5.4×10^{-24}	1.7×10^{-23}	5.4×10^{-23}
波長（m）	3.9×10^{-10}	1.2×10^{-10}	3.9×10^{-11}	1.2×10^{-11}

結晶の分子の間隔が 10^{-10} m ぐらいで，$d\sin\theta$ が波長の自然数倍のところで回折が起こることを考えると，それよりも格子間隔より波長の方が短くないと回折電子が観測できないから，1000 eV ぐらいのエネルギーの電子が実験にはよいことになる．

問題 **6.2** の解答... (問題は p86，ヒントは p166)

$$\begin{aligned}
&\frac{\partial}{\partial \lambda}\left[2\pi\left\{\frac{L}{\lambda} - \left(\frac{h}{2m\lambda^2}\right)T\right\}\right] = 0 \\
&2\pi\left[-\frac{L}{\lambda^2} + \left(2\frac{h}{2m\lambda^3}\right)T\right] = 0 \\
&2\frac{h}{2m\lambda^3}T = \frac{L}{\lambda^2} \quad \text{より，} \quad \frac{h}{\lambda} = m\frac{L}{T}
\end{aligned} \tag{33}$$

これは距離 L を時間 T かけて進んだときの速さに質量 m を掛けたもの．つまり古典力学的運動量である．

問題 6.3 の解答 .... (問題は p86, ヒントは p166)

二つの物体が角速度 ω で回転しているとすると，運動量の大きさは $m(L/2)\omega$ である．ボーアの量子条件は

$$m\frac{L}{2}\omega \times 2\pi\frac{L}{2} = nh \tag{34}$$

という式になるから，これから

$$\omega = \frac{2nh}{\pi mL^2} \tag{35}$$

と角速度が決まる．この系の運動エネルギーは $2 \times (1/2) \times m(L\omega/2)^2$ であるから，

$$\frac{1}{4}mL^2\left(\frac{2nh}{\pi mL^2}\right)^2 = \frac{n^2h^2}{\pi^2 mL^2} \tag{36}$$

となる．最小エネルギーは $h^2/(\pi^2 mL^2)$ となる．つまり慣性モーメントである $(1/4)mL^2$ が小さいほど，最小エネルギーは大きいことになる．この最小エネルギーが等分配の法則によって分配されるエネルギー $(1/2)k_\text{B}T$ より極端に大きくなると，この自由度にはエネルギーが分配されなくなる．2原子分子の場合で軸まわりの回転（慣性モーメントが小さい）にはエネルギーが割り当てられない理由はこれである．

問題 7.1 の解答 .... (問題は p93, ヒントは p166)

壁で衝突したあと，もう一度その壁に戻ってくるまでに $2L/v$ ぐらいの時間がかかるので，Δt の間の衝突回数は $v\Delta t/2L$ ぐらいである．衝突のたびに $-2\Delta L/\Delta t$ だけ速さを増すことは衝突前と衝突後で，$(v\Delta t/2L) \times (-2\Delta L/\Delta t) = -v\Delta L/L$ ぐらい速度が増加する．つまり運動量が

$$mv \to mv + \frac{-mv\Delta L}{L} = mv\frac{L - \Delta L}{L}$$

のように変化する．一方壁の距離は $L \to L + \Delta L$ と変化するから，$\Delta p \Delta x$ は

$$2mvL \to 2mv\frac{L - \Delta L}{L}(L + \Delta L) = 2mv\frac{L^2 - (\Delta L)^2}{L}$$

と変化することになる．$(\Delta L)^2$ を無視する近似の元では，この二つに差はない．すなわち，$\Delta p \Delta x$ は変化しない．

問題 7.2 の解答 .... (問題は p93, ヒントは p166)

(1) 10eV のエネルギーをもっている場合，だいたい運動量は

$$\sqrt{2mE} = \sqrt{2 \times 9.1 \times 10^{-31} \times 10 \times 1.6 \times 10^{-19}}$$
$$= 1.7 \times 10^{-24} \text{kg} \cdot \text{m/s}$$

である．これの 2 倍に原子のサイズ 10^{-10} m を掛けると，3.4×10^{-34} J·s となり，プランク定数 $\fallingdotseq 6.6 \times 10^{-34}$ J·s とだいたい同じオーダーになる．

(2) これも同様に計算する.

$$\sqrt{2mE} = \sqrt{2 \times 1.7 \times 10^{-27} \times 10^6 \times 1.6 \times 10^{-19}}$$
$$= 2.3 \times 10^{-20} \text{kg} \cdot \text{m/s}$$

となり，この2倍に原子核のサイズ 10^{-14} を掛けると 4.6×10^{-34} J·s となり，これもプランク定数程度の数字となる.

問題 **7.3** の解答 .... (問題は p93, ヒントは p166)

まず，このようなピンを使って干渉縞ができることを確認するには，ピン自体の Δx が干渉縞の幅 $L\lambda/d$ より小さくなくてはいけないことは当然である．ところがこれは，ピン自体の運動量のゆらぎ Δp を $hd/L\lambda$ より大きくしてしまう．このピンの運動量のゆらぎは $(h/\lambda) \times (d/L)$ と書ける．この量は「上のスリットから来た場合と下のスリットからきた場合の光の運動量の差」にちょうど等しい．ということは，ピンが倒れたときに上から来た光のせいで倒れたのか，下から来た光のせいで倒れたのかを判定できなくなってしまう.

なお，このような問題に対して「不確定性関係を証明するために不確定性関係を使っている．トートロジー[*12]ではないのか？」という質問を受けることがよくあるが，ここで行っているのは「証明」ではなく「不確定関係が矛盾するものではないことの確認」である．自己矛盾を含まないことは物理法則の必要条件なのでその点を確認したことになる[*13]．物理法則として採用されるためには，無矛盾なだけでなく実験と合致しなくてはいけない.

問題 **7.4** の解答 .... (問題は p94, ヒントは p167)

$\Delta x = d$ のとき，最小の Δp は h/d の程度である．広がり角度が30度になるのは，$\Delta p = h/\lambda$ になるとき，と考えるとよいので，$\lambda = d$ のとき．つまりすき間が波長程度になると30度の広がりで回折する.

問題 **7.5** の解答 .... (問題は p94, ヒントは p167)

これも前問とほぼ同様である．スリットが反動として受け取る運動量は，だいたい $(h/\lambda) \times (2d/L)$ の程度である．この運動量を感知できるためには，スリット自体の運動量の不確定度 Δp が（実験前に）これ以下でなくてはならない．ということは，スリットの位置の不確定 Δx は

$$\Delta x > \frac{h}{\Delta p} = \frac{h}{\frac{h}{\lambda} \times \frac{2d}{L}} = \frac{L\lambda}{2d} \tag{37}$$

より大きくなくてはいけない．これは干渉縞の間隔の半分である．干渉縞の半分ぐらいの幅でスリットそのものの位置が確定しないのでは，干渉縞はできない.

[*12] 日本語では「同義反復」．「AだからAである」のように意味がなく，証明になってない文章をこうよぶ．「不確定性関係が成り立っているので（中略）不確定性関係が成り立っている」という言説はトートロジーである.

[*13] 実は不確定性関係はより深い量子力学の原理から証明可能であるが，本書ではそこまで解説する余裕がない.

問題 8.1 の解答 .... (問題は p106, ヒントは p167)

まず，$\int_{-\pi}^{\pi} dx \sin nx$ と $\int_{-\pi}^{\pi} dx \cos mx \sin nx$ は，奇関数であるからこの範囲 $[-\pi, \pi]$ で 0 となることはすぐにわかる．

次に $\int_{-\pi}^{\pi} dx \cos nx$ であるが，ここで積分しているのが，

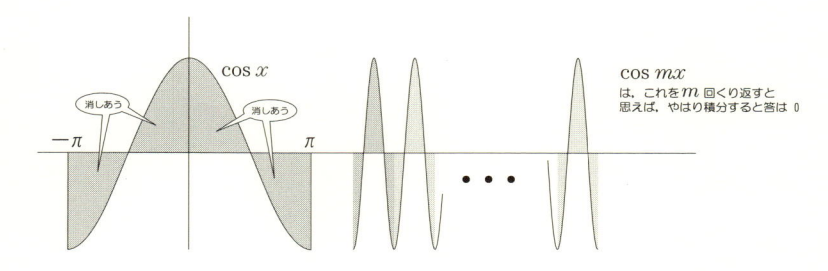

のような関数であることに気づくと，積分すれば 0 になることは自明である．
$\int_{-\pi}^{\pi} dx \cos mx \cos nx$ と $\int_{-\pi}^{\pi} dx \sin mx \sin nx$ で，$m \neq n$ の場合については，公式

$$\cos A \cos B = \frac{\cos(A+B) + \cos(A-B)}{2} \tag{38}$$

$$\sin A \sin B = \frac{\cos(A-B) - \cos(A+B)}{2} \tag{39}$$

を使えば $\cos(m+n)x$ と $\cos(m-n)x$ の和や差に書き直すことができる．そして $m \neq n$ であれば $\int_{-\pi}^{\pi} dx \cos nx$ が 0 になったのと同じ理由で 0 となる．

最後に $\int_{-\pi}^{\pi} dx \cos mx \cos nx$ と $\int_{-\pi}^{\pi} dx \sin mx \sin nx$ で $m = n$ の場合が残った．これについては上の公式から

$$\cos^2 mx = \frac{1 + \cos 2mx}{2}, \quad \sin^2 mx = \frac{1 - \cos 2mx}{2} \tag{40}$$

となる．$\cos 2mx$ に比例する部分は例によって積分すると 0 なので，

$$\int_{-\pi}^{\pi} dx \cos^2 mx = \int_{-\pi}^{\pi} dx \sin^2 mx = \int_{-\pi}^{\pi} dx \frac{1}{2} = \pi \tag{41}$$

となる．

なお，この積分は，下の図のように，「$\cos^2 mx$ は 0 と 1 の間を振動する関数である」と考えて山と谷が消しあうことを考慮し，「1/2 を積分するのと同じである」と考えてもよい．

[図: $\cos^2 mx$ のグラフ]

問題 **8.2** の解答 .... (問題は p106, ヒントは p167)

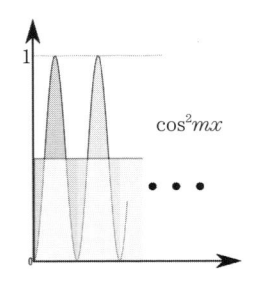

ヒントの通り,

$$\int_{-\pi}^{\pi} dx \frac{1}{\sqrt{2\pi}} e^{-imx} f(x) = \frac{1}{2\pi} \int_{-\pi}^{\pi} dx\, e^{-imx} \sum_{n=-\infty}^{\infty} F_n e^{inx} \tag{42}$$

という計算を行う．ここで，$m \neq n$ ならば，

$$\int_{-\pi}^{\pi} dx\, e^{-imx} e^{inx} = \left[\frac{e^{i(n-m)}}{i(n-m)} \right]_{-\pi}^{\pi} = \frac{e^{i\pi(n-m)} - e^{-i\pi(n-m)}}{i(n-m)} \tag{43}$$

となるが，n, m が整数なので $e^{i\pi(n-m)} = e^{-i\pi(n-m)}$ となり，この答は 0 である．ただし，$m = n$ のときは，

$$\int_{-\pi}^{\pi} dx\, e^{-imx} e^{inx} = \int_{-\pi}^{\pi} dx = 2\pi \tag{44}$$

となり，0 ではない．よって，

$$\int_{-\pi}^{\pi} dx\, e^{-imx} \frac{1}{\sqrt{2\pi}} f(x) = F_m \tag{45}$$

となる．これで式(8.16)が示された．
$\to$ p99

問題 **8.3** の解答 .... (問題は p106, ヒントは p167)

$$\int_{-\delta}^{\delta} dx\, Hx^n = \left[H \frac{x^{n+1}}{n+1} \right]_{-\delta}^{\delta} = \frac{H}{n+1} \left[\delta^{n+1} - (-\delta)^{n+1} \right] \tag{46}$$

と計算する．$2H\delta = 1$ であることを使って $H = 1/2\delta$ として,

$$= \frac{1}{2(n+1)} \left[\delta^n + (-\delta)^n \right] \tag{47}$$

と計算する．n が奇数ならこれは 0 である．n が偶数であっても，$n > 0$ ならば $\delta \to 0$ の極限で 0 となる．$n = 0$ だけは

$$= \frac{1}{2}(1+1) = 1 \tag{48}$$

となって残る.これは $f(x)$ をテイラー展開したときの $f(0)$ の項だけが残るということ,つまり,

$$\int_a^b \mathrm{d}x f(x)\delta(x) = f(0) \tag{49}$$

である.ただし,範囲 (a,b) の中にいま考えている範囲 $(-\delta, \delta)$ が含まれていなくてはいけないから,積分範囲が 0 を含まないときは 0 である.

問題 **9.1** の解答 .... (問題は p116, ヒントは p167)

$$\begin{aligned}
i\hbar \frac{\partial}{\partial t}\phi(\boldsymbol{x})e^{-i\omega t} &= H\phi(\boldsymbol{x})e^{-i\omega t} \\
\hbar\omega\phi(\boldsymbol{x})e^{-i\omega t} &= H\phi(\boldsymbol{x})e^{-i\omega t} \\
\hbar\omega\phi(\boldsymbol{x}) &= H\phi(\boldsymbol{x})
\end{aligned} \tag{50}$$

となる.これを「定常状態のシュレーディンガー方程式」とよぶ.$\hbar\omega$ は定数(数!)であり,H は演算子であるから,この式は $H = \hbar\omega$ という意味ではないことに注意.
「定常」といいつつ $\phi(\boldsymbol{x})e^{-i\omega t}$ は時間によって振動しているが,確率密度 $\psi^*(\boldsymbol{x},t)\psi(\boldsymbol{x},t)$ は

$$\psi^*(\boldsymbol{x},t)\psi(\boldsymbol{x},t) = \phi(\boldsymbol{x})e^{i\omega t}\phi(\boldsymbol{x})e^{-i\omega t} = \phi(\boldsymbol{x})\phi(\boldsymbol{x}) \tag{51}$$

となって時間によらない定数となる.

問題 **9.2** の解答 .... (問題は p116, ヒントは p167)

$$\psi^*(\boldsymbol{x},t)\psi(\boldsymbol{x},t) = A^* e^{-i(\boldsymbol{k}\cdot\boldsymbol{x}-\omega t)} A e^{i(\boldsymbol{k}\cdot\boldsymbol{x}-\omega t)} = A^*A \tag{52}$$

となって場所によらない.確率密度が場所によらないことは「どこにいるのかまったくわからない」ことで,$\Delta x = \infty$ である.運動量が $\hbar\boldsymbol{k}$ に確定した状態であるから,座標の不確定さ $\boldsymbol{x}$ が ∞ になっている,ということは不確定性関係に合っている.

問題 **10.1** の解答 .... (問題は p134, ヒントは p167)

ヒントより,$\mathrm{d}f(t)/\mathrm{d}t = -i(\hbar/2m)f(t)$ を解いて,

$$f(t) = C\exp\left(-i\frac{\hbar}{2m}t\right) \tag{53}$$

が解である.$\sin x = (1/2i)(e^{ix} - e^{-ix})$ を使うと,

$$\sin x\, f(t) = \frac{C}{2i}\left[\exp\left(i\left(x-\frac{\hbar}{2m}t\right)\right) - \exp\left(i\left(-x-\frac{\hbar}{2m}t\right)\right)\right] \tag{54}$$

となり,これは右行きの波と左行きの波の重ね合わせになっている.

問題 **10.2** の解答 .... (問題は p134, ヒントは p168)

$$ i\hbar\frac{\partial}{\partial t}\left(\psi_R(x,t)+i\psi_I(x,t)\right)=H\left(\psi_R(x,t)+i\psi_I(x,t)\right) $$
$$ i\hbar\frac{\partial\psi_R(x,t)}{\partial t}-\hbar\frac{\partial\psi_I(x,t)}{\partial t}=H\left(\psi_R(x,t)+i\psi_I(x,t)\right) \tag{55} $$

として実部と虚部を取り出すと,

$$ \text{実部:}\quad -\hbar\frac{\partial\psi_I(x,t)}{\partial t}=H\psi_R(\boldsymbol{x},t) \qquad \text{虚部:}\quad \hbar\frac{\partial\psi_R(x,t)}{\partial t}=H\psi_I(x,t) \tag{56} $$

となる. ψ_R, ψ_I が混ざった式になり, 連立方程式として解かなくてはいけない.

問題 **11.1** の解答 .... (問題は p148, ヒントは p168)

$$ \begin{aligned}\int_{-\pi}^{\pi}\mathrm{d}x\,\psi^*(x)\psi(x)&=\int_{-\pi}^{\pi}\mathrm{d}x\left(e^{-3ix}+e^{-ix}\right)\left(e^{3ix}+e^{ix}\right)\\ &=\int_{-\pi}^{\pi}\mathrm{d}x\underbrace{\left(e^{-3ix}e^{3ix}+e^{-ix}e^{ix}\right)}_{2}=4\pi\end{aligned} \tag{57} $$

となるので, 規格化のためには $\sqrt{4\pi}$ で割る. 運動量の期待値は

$$ \begin{aligned}&\int_{-\pi}^{\pi}\left[\frac{1}{\sqrt{4\pi}}\left(e^{-3ix}+e^{-ix}\right)\right]\left(-i\hbar\frac{\partial}{\partial x}\right)\left[\frac{1}{\sqrt{4\pi}}(e^{3ix}+e^{ix})\right]\mathrm{d}x\\ &=\frac{1}{4\pi}\int_{-\pi}^{\pi}\left(e^{-3ix}+e^{-ix}\right)\left(3\hbar e^{3ix}+\hbar e^{ix}\right)\mathrm{d}x\end{aligned} \tag{58} $$

とここまで計算したあと, $e^{-3ix}\times e^{ix}=e^{-2ix}$ のように,「掛算しても振動項が消えない項」は消えることを使うと, 掛けて振動がなくなる部分だけを計算すればよいことがわかり,

$$ =\frac{1}{4\pi}\int_{-\pi}^{\pi}\underbrace{\left(3\hbar e^{-3ix}e^{3ix}+\hbar e^{-ix}e^{ix}\right)}_{4\hbar}\mathrm{d}x=2\hbar \tag{59} $$

となる.

問題 **11.2** の解答 .... (問題は p148, ヒントは p168)

ヒントのように時間微分してから, シュレーディンガー方程式から作った式 $\partial\psi(x,t)/\partial t = (1/i\hbar)\left[-(\hbar^2/2m)(\partial^2/\partial x^2)+V(x)\right]\psi(x,t)$ とその複素共役を代入して, 以下の式をまず作る.

$$ \frac{\mathrm{d}}{\mathrm{d}t}\int\psi^*(x,t)\psi(x,t)\mathrm{d}x=\int\left\{\left[\frac{1}{i\hbar}\left(-\frac{\hbar^2}{2m}\frac{\partial^2}{\partial x^2}+V(x)\right)\psi(x,t)\right]^*\psi(x,t)\right. $$

$$+ \psi^*(x,t) \left[\frac{1}{i\hbar} \left(-\frac{\hbar^2}{2m} \frac{\partial^2}{\partial x^2} + V(x) \right) \psi(x,t) \right] \Biggr\} dx \tag{60}$$

$V(x)$ を含む項は同じ式が逆符号で出ているので相殺して消える．残りは，

$$\frac{i\hbar}{2m} \int \left(\frac{\partial^2 \psi^*(x,t)}{\partial x^2} \psi(x,t) - \psi^*(x,t) \frac{\partial^2 \psi(x,t)}{\partial x^2} \right) dx \tag{61}$$

とまとまり，部分積分を 2 回やることで答は 0 となる．
→ p144

問題 11.3 の解答 .... (問題は p148, ヒントは p168)

　積分範囲が限られていても，式 (61) までは前問と同じように計算できる．その後部分積分を行うわけだが，式 (61) の第 1 項を

$$\frac{i\hbar}{2m} \int_a^b \left(\frac{\partial^2 \psi^*(x,t)}{\partial x^2} \psi(x,t) \right) dx$$
$$= \left[\frac{i\hbar}{2m} \frac{\partial \psi^*(x,t)}{\partial x} \psi(x,t) \right]_a^b - \frac{i\hbar}{2m} \int_a^b \left(\frac{\partial \psi^*(x,t)}{\partial x} \frac{\partial \psi(x,t)}{\partial x} \right) dx \tag{62}$$

と部分積分し，さらにこの式の第 2 項を

$$-\frac{i\hbar}{2m} \int_a^b \left(\frac{\partial \psi^*(x,t)}{\partial x} \frac{\partial \psi(x,t)}{\partial x} \right) dx$$
$$= \left[-\frac{i\hbar}{2m} \psi^*(x,t) \frac{\partial \psi(x,t)}{\partial x} \right]_a^b + \underbrace{\frac{i\hbar}{2m} \int_a^b \left(\psi^*(x,t) \frac{\partial^2 \psi(x,t)}{\partial x^2} \right) dx}_{(61) \text{ の第 2 項と相殺}} \tag{63}$$

と部分積分する．結果として式 (61) は

$$\left[\frac{i\hbar}{2m} \frac{\partial \psi^*(x,t)}{\partial x} \psi(x,t) - \frac{i\hbar}{2m} \psi^*(x,t) \frac{\partial \psi(x,t)}{\partial x} \right]_a^b \tag{64}$$

という答になる．よって，$J(x,t)$ は以下のように定義される．

$$J(x,t) = \frac{i\hbar}{2m} \frac{\partial \psi^*(x,t)}{\partial x} \psi(x,t) - \frac{i\hbar}{2m} \psi^*(x,t) \frac{\partial \psi(x,t)}{\partial x} \tag{65}$$

問題 12.1 の解答 .... (問題は p161, ヒントは p168)

　ヒントに書いたように，式(15)と式(16)の分母分子を C で割って，
　　　　　　　　　　　→ p169　　→ p169

$$\kappa = \frac{ike^{-ikD} - ik(D/C)e^{ikD}}{e^{-ikD} + (D/C)e^{ikD}} = \frac{ike^{-2ikD} - ik(D/C)}{e^{-2ikD} + (D/C)} \tag{66}$$

$$-\kappa = \frac{ike^{ikD} - ik(D/C)e^{-ikD}}{e^{ikD} + (D/C)e^{-ikD}} = \frac{ike^{2ikD} - ik(D/C)}{e^{2ikD} + (D/C)} \tag{67}$$

として，それぞれから D/C を求めると，

$$\kappa\left(e^{-2ikD}+\frac{D}{C}\right)=ike^{-2ikD}-ik\frac{D}{C} \quad \text{より}, \quad \frac{D}{C}=\frac{ik-\kappa}{ik+\kappa}e^{-2ikD} \tag{68}$$

$$-\kappa\left(e^{2ikD}+\frac{D}{C}\right)=ike^{2ikD}-ik\frac{D}{C} \quad \text{より}, \quad \frac{D}{C}=\frac{ik+\kappa}{ik-\kappa}e^{2ikD} \tag{69}$$

となることから，

$$\frac{ik-\kappa}{ik+\kappa}e^{-2ikD}=\frac{ik+\kappa}{ik-\kappa}e^{2ikD}$$
$$(ik-\kappa)^2=(ik+\kappa)^2e^{4ikD} \tag{70}$$

という条件が出る．この式から，$\kappa+ik=\sqrt{k^2+\kappa^2}e^{i\theta}$ とおく．

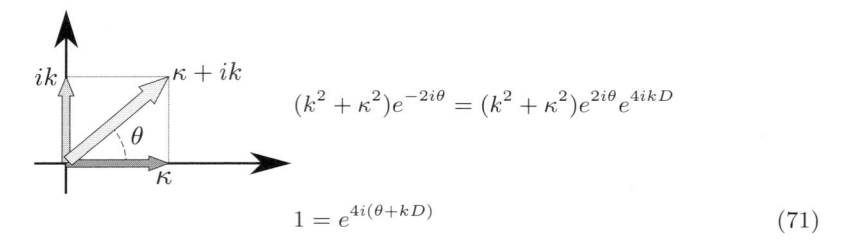

$$(k^2+\kappa^2)e^{-2i\theta}=(k^2+\kappa^2)e^{2i\theta}e^{4ikD}$$

$$1=e^{4i(\theta+kD)} \tag{71}$$

この式から $\theta+kD=0$ と結論してはいけない．任意の整数 n に対して $e^{2in\pi}=1$ だからである．よって，

$$2n\pi=4(\theta+kD) \quad \text{すなわち}, \quad \theta=-kD+\frac{n\pi}{2} \tag{72}$$

とするのが正しい．k も κ も正であることから，θ は明らかに第1象限内になくてはいけない（$0<\theta<\pi/2$）．このことから n は決まる．

最終的な答は

$$\kappa=k\cot\left(-kD+\frac{n\pi}{2}\right) \tag{73}$$

となる．ただし n は $0<-kD+(n\pi/2)<\pi/2$ となるように決められる．もっとも，cot は周期 π の周期関数であるから，n が偶数（あるいは奇数）であるということは $n=0$（あるいは $n=1$）と同じ意味になってしまうので，n は0か1かどちらかだと思っておけばよい．以下は式 (73) をグラフ化したものである．

章末問題の解答　187

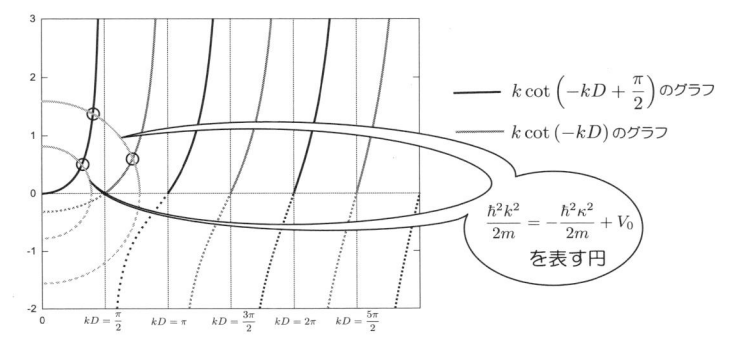

k と κ はそれぞれ $\hbar\omega = \hbar^2 k^2/2m$ と $\hbar\omega = -(\hbar^2\kappa^2/2m) + V_0$ から決まった．このことから，$\hbar^2 k^2/2m = -(\hbar^2\kappa^2/2m) + V_0$ という式（いわば，エネルギー保存則）がもう一つの条件となる．この二つの条件を組み合わせることで k, κ の値が決まる（残念ながら解析的に解くことはできない）．

問題 **12.2** の解答.. （問題は p161, ヒントは p169）

C を求めるために D を消す．具体的には，式(19)$\times ik$ に式(20)を足すと，

$$2ikCe^{ik\delta} = i(k+k')Ee^{ik'\delta} \quad \text{より，} \quad C = \frac{k+k'}{2k}Ee^{i(k'-k)\delta} \tag{74}$$

となり，逆に引算することで，

$$2ikDe^{-ik\delta} = i(k-k')Ee^{ik'\delta} \quad \text{より，} \quad D = \frac{k-k'}{2k}Ee^{i(k'+k)\delta} \tag{75}$$

と C, D が求められる．A, B に関しても，式(17)$\times ik'$ に式(18)を足したり引いたりすることで，

$$2ik'Ae^{-ik'\delta} = i(k'+k)Ce^{-ik\delta} + i(k'-k)De^{ik\delta}$$
$$A = \frac{(k'+k)^2}{4kk'}Ee^{i(2k'-2k)\delta} - \frac{(k'-k)^2}{4kk'}Ee^{i(2k'+2k)\delta}$$
$$A = \frac{1}{4kk'}e^{2ik'\delta}\left((k'+k)^2 e^{-2ik\delta} - (k'-k)^2 e^{2ik\delta}\right)E \tag{76}$$

$$2ik'Be^{ik'\delta} = i(k'-k)Ce^{-ik\delta} + i(k'+k)De^{ik\delta}$$
$$Be^{ik'\delta} = \frac{(k'-k)(k+k')}{4kk'}Ee^{i(k'-2k)\delta} + \frac{(k'+k)(k'-k)}{4kk'}Ee^{i(k'+2k)\delta}$$
$$B = \frac{(k'-k)(k+k')}{4kk'}Ee^{-2ki\delta} + \frac{(k'+k)(k-k')}{4kk'}Ee^{2ki\delta}$$
$$B = i\frac{(k-k')(k+k')}{2kk'}E\sin 2k\delta \tag{77}$$

となり，A, B, C, D がすべて E の何倍であるかがわかった．

なお，このような波動関数は遠方でも減衰しないので，$\int \psi^*(x,t)\psi(x,t)\,dx$ を計算すると ∞ になってしまう．これがこの波動関数を規格化できない理由である．

参 考 書

[1] 前野昌弘：「よくわかる量子力学」（東京図書）
[2] 江沢洋：「量子力学 (I)・(II)」（裳華房）
[3] W. グライナー：「量子力学概論」（丸善出版）
[4] J.J. サクライ：「現代の量子力学 (上)・(下)」（吉岡書店）

以上 4 冊は，本書より進んだところまでカバーしている教科書である．本書はあくまで「入門」であるので，量子力学の体系の深いところの理解にはまだ達していない．それを以上の本等で補っていただきたい．量子力学の教科書は非常にたくさんあるので，上のはほんの一例である．自分に合うものを探すことを勧める．

[5] 朝永振一郎：「量子力学 (I)・(II)」（みすず書房）
[6] P.A.M. ディラック：「量子力学」（岩波書店）

この 2 冊は，いわゆる古典的名著．現代風ではないにせよ，読むといろいろと味わい深いものがある．

[7] 清水明：「量子論の基礎」（サイエンス社）
[8] C.J. アイシャム：「量子論—その数学および構造の基礎」（吉岡書店）

この 2 冊は，量子力学の数学的基礎に重きを置いている本．本書では数学的側面が物足りない，という人に勧める．

[9] 外村彰：「目で見る美しい量子力学」（サイエンス社）

この本は，タイトル通り，きれいな写真や図で，量子力学の実験的側面が勉強できる．

[10] 朝永振一郎：「鏡の中の物理学」（講談社学術文庫）

この本の中にある「光子の裁判」は，量子力学の非常におもしろい introduction になっている．

[11] 高林武彦：「量子論の発展史」（ちくま学芸文庫）
[12] K. プルチプラム：「波動力学形成史—シュレーディンガーの書簡と小伝」（みすず書房）
[13] 朝永振一郎：「スピンはめぐる—成熟期の量子力学」（みすず書房）
[14] 武谷三男・長崎正幸：「量子力学の形成と論理 I,II,III」（勁草書房）

これらは，量子力学の歴史などについて詳しい本である．

索　引

あ　行

アインシュタイン	8
位相	19
位相速度	26
井戸型ポテンシャル	149
$\hbar$	61
エルザッサー	80

か　行

確率解釈	123
隠れた変数の理論	123
重ね合わせの原理	108
γ 線顕微鏡	87
規格化	124
規格直交性	96
期待値	136
空洞輻射	37
クロネッカーのデルタ	98
群速度	26
光子	2
光子の運動量	56
光電効果	53
光量子	49
光量子仮説	49
黒体輻射	1, 37
コペンハーゲン解釈	123
固有関数	115
固有値	115
コンプトン効果	62

さ　行

射影仮説	126
縮退	75
シュレーディンガー方程式	107
遷移	72
走査型トンネル顕微鏡	160
ゾンマーフェルトの量子条件	74

た・な　行

ダヴィッソン–ガーマーの実験	80
ディラックの $\hbar$	61
デルタ関数	105
電子ボルト	12
等分配の法則	38
ド・ブロイ	77
トンネル効果	159
二重スリット	4

は・ま　行

ハイゼンベルクの不確定性関係	87
波数	19
波束の収縮	7
波動関数の収縮	126
フーリエ級数	96
フェルマーの原理	20
不確定性関係	87
不確定性原理	87
プランク	1, 37
プランク定数	2
フランク–ヘルツの実験	73
分解能	32, 34
分散関係	28
ヘルツ	53
ホイヘンスの原理	22
ボーア	11, 69
ボーアの量子条件	69
ボーム	127
ボルン	64, 123

マクスウェルの応力	57	ラザフォード	67
ミリカン	55	リュードベリ定数	72
		レナルト	54

や・ら 行

ヤングの実験　　　　　3, 89

著者の略歴

1985 年 神戸大学理学部物理学科卒業．
1990 年 大阪大学大学院理学研究科博士後期課程修了．
現在 琉球大学理学部物質地球科学科准教授．理学博士．
著書に『よくわかる電磁気学』『よくわかる量子力学』
（以上，東京図書），『今度こそ納得する物理・数学再入
門』（技術評論社）がある．
ネット上のハンドル名は「いろもの物理学者」．
ホームページと本書のサポートページは
http://www.phys.u-ryukyu.ac.jp/~maeno/
http://irobutsu.a.la9.jp/mybook/QMIntro/
twitter は http://twitter.com/irobutsu

パリティ物理教科書シリーズ
量子力学入門

平成 24 年 11 月 30 日　発　　　行
令和 5 年 3 月 30 日　第 4 刷発行

著作者　前　野　昌　弘

発行者　池　田　和　博

発行所　丸善出版株式会社
〒101-0051 東京都千代田区神田神保町二丁目17番
編集：電話(03) 3512-3267／FAX (03) 3512-3272
営業：電話(03) 3512-3256／FAX (03) 3512-3270
https://www.maruzen-publishing.co.jp

© Masahiro Maeno, 2012

組版印刷・製本／三美印刷株式会社

ISBN 978-4-621-08620-9 C 3342　　Printed in Japan

JCOPY 〈(一社)出版者著作権管理機構　委託出版物〉
本書の無断複写は著作権法上での例外を除き禁じられています．複写
される場合は，そのつど事前に，(一社)出版者著作権管理機構（電話
03-5244-5088, FAX 03-5244-5089, e-mail：info@jcopy.or.jp）の許
諾を得てください．